PHP+MySQL动态网页设计

◎主　编　曾　琳

◎副主编　陶玮栋　石奇亮

◎参　编　黄水萍　陶媛媛　周忠旭

電子工業出版社

Publishing House of Electronics Industry

北京・BEIJING

内 容 简 介

本书从基础知识和基础操作入手，介绍了 PHP 环境配置、PHP 语言基础、PHP 流程控制、PHP 数组操作、PHP 用户交互、MySQL 数据库基础、MySQL 数据库操作、用户登录、用户注册、课程管理系统等，内容循序渐进、直观明了，全面覆盖了 PHP+MySQL 相关知识，达到了知识与技能相融、技术与标准互通的目的。

本书既可作为职业院校相关课程的专用教材，也可作为网页开发爱好者的自学读物。

图书在版编目（CIP）数据

PHP+MySQL 动态网页设计 / 曾琳主编. —北京：电子工业出版社，2024.1

ISBN 978-7-121-46953-4

Ⅰ. ①P… Ⅱ. ①曾… Ⅲ. ①PHP 语言—程序设计—中等专业学校—教材 ②关系数据库系统—中等专业学校—教材 Ⅳ. ①TP312.8 ②TP311.138

中国国家版本馆 CIP 数据核字（2023）第 240420 号

责任编辑：关雅莉　　文字编辑：张志鹏
印　　刷：北京盛通数码印刷有限公司
装　　订：北京盛通数码印刷有限公司
出版发行：电子工业出版社
　　　　　北京市海淀区万寿路 173 信箱　邮编　100036
开　　本：787×1 092　1/16　印张：10　字数：240 千字
版　　次：2024 年 1 月第 1 版
印　　次：2024 年 12 月第 2 次印刷
定　　价：32.00 元

凡所购买电子工业出版社图书有缺损问题，请向购买书店调换。若书店售缺，请与本社发行部联系，联系及邮购电话：（010）88254888，88258888。

质量投诉请发邮件至 zlts@phei.com.cn，盗版侵权举报请发邮件至 dbqq@phei.com.cn。

本书咨询联系方式：（010）88254576，zhangzhp@phei.com.cn。

前　言

动态网页技术是计算机领域的重要技术之一，能够方便地处理用户的请求，在 Web 开发中有着十分重要的地位。PHP 是目前十分流行的动态网页语言之一，具有跨平台、开发迅速、高效执行等优势，广泛地应用于企业级 Web 开发。

本书立足于中等职业学校学生的实际学情，融合了 PHP 语言与 MySQL 数据库的基础知识，以任务驱动的方式，通过操作实例进行讲解，从而培养学生对 PHP 编程技术、MySQL 数据库交互技术的理解及结合 HTML 进行动态网站开发的基本能力。

本书特色

1. 符合中职学生的认知水平和发展需要。
2. 以实践为基础，突出工作任务。
3. 内容丰富，由浅入深，循序渐进。
4. 从典型项目化案例出发，体验动态网页开发技术。
5. 图文并茂，激发学生学习兴趣。

本书内容

项目 1 主要讲解 PHP 环境配置。

项目 2、项目 3 主要讲解 PHP 语言基础及流程控制。

项目 4 主要讲解 PHP 数组操作。

项目 5 主要讲解 PHP 用户交互。

项目 6、项目 7 主要讲解 MySQL 数据库基础与 MySQL 数据库操作。

项目 8 至项目 10 通过综合案例分别实现用户登录、用户注册及课程管理系统。

编写队伍

本书由杭州市电子信息职业学校计算机专业教师团队编写，曾琳担任主编，陶玮栋、石奇亮担任副主编，项目 1、项目 2、项目 7 由曾琳编写，项目 3、项目 4、项目 5 由陶玮栋编写，项目 6 由黄水萍、陶媛媛、周忠旭共同编写，项目 8、项目 9、项目 10 由石奇亮编写。最后由曾琳进行统稿。

由于编者水平有限，书中难免存在疏漏和不足之处，恳请读者提出宝贵的意见或建议。

编　者

2023 年 8 月

目 录

项目 1

PHP 环境配置

本项目包含：

任务 1　在 Dreamweaver 中创建 PHP 站点

任务 2　测试第一个 PHP 程序

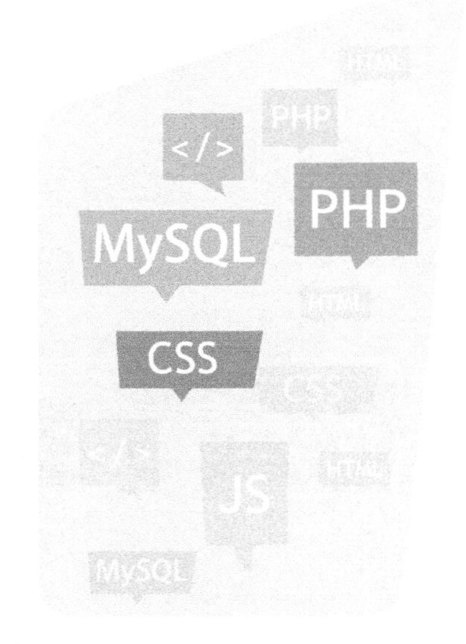

任务 1

在 Dreamweaver 中创建 PHP 站点

任务分析

在实施任务之前，需要自行安装好 AppServ 和 Dreamweaver，安装好 AppServ 之后，其安装目录下包含一个名为“www”的子目录，此目录是 Apache 网站的默认根目录，用户可以将需要运行的页面存放到 www 目录下。因此，将 Dreamweaver 的站点指定到“www”目录下即可。

知识准备

1. PHP 常用开发工具

PHP 常用开发工具包括 PHP 代码编辑工具和网页设计工具。常用的 PHP 代码编辑工具有 Notepad++、Sublime Text、PHPEdit、Zend Studio 等，常用的网页设计工具有 Dreamweaver、FrontPage 等。其中，Dreamweaver 是一款强大的网页编辑器，它将“设计”“代码”编辑器合二为一，不仅能够快速灵活地编写网页，并且对 PHP 语言的支持也十分到位。因此，本书选用 Dreamweaver 作为 PHP 站点的开发工具。

2. PHP 集成开发环境软件

目前，主流的 PHP 集成开发环境软件有 phpStudy、XAMPP、AppServ、Wamp Server 等，以上几款软件均是在 Windows 服务器上集成 Apache、MySQL 和 PHP 的服务器软件，可以快速地完成安装配置。其中，AppServ 是一款轻量级软件，集成了 PHP、Apache、MySQL、phpMyAdmin 等功能，简单易用，因此本书选取 AppServ 进行 PHP 集成开发环境的搭建。

任务实施

第 1 步： 打开 Dreamweaver，单击“站点”按钮，在“站点”下拉菜单中选择“新建站点”选项，如图 1-1-1 所示。

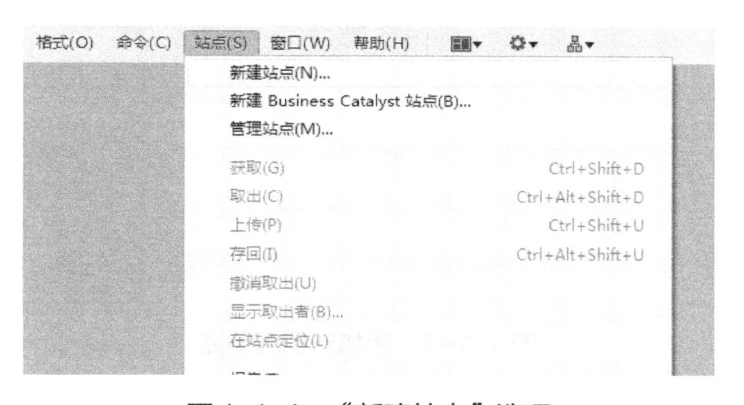

图 1-1-1 “新建站点”选项

第 2 步： 在打开的“站点设置对象 web001”对话框中选择“站点”选项，在打开的“站点”选项卡的“站点名称”文本框中输入站点的名称，在“本地站点文件夹”文本框中输入站点的路径，如图 1-1-2 所示。

第 3 步： 选择“服务器”选项，单击“+”按钮，添加新的服务器，如图 1-1-3 所示。

第 4 步： 在弹出的“基本”选项卡的“连接方法”下拉菜单中选择“本地/网络”选项，接着设置“服务器名称”“服务器文件夹”“Web URL”选项，如图 1-1-4 所示。

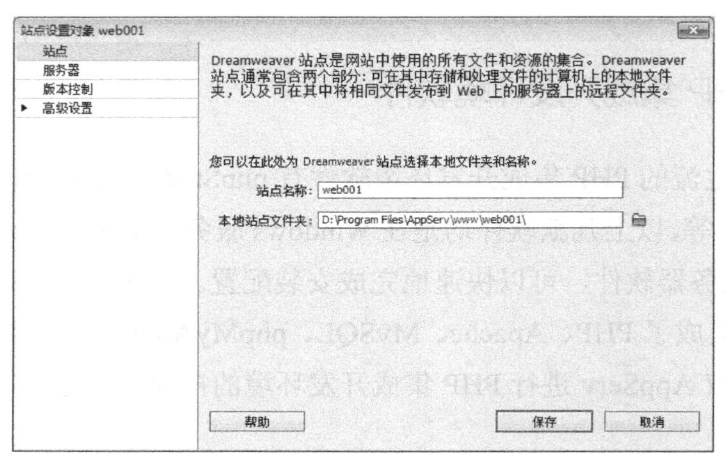

图 1-1-2 “站点设置对象 web001”对话框

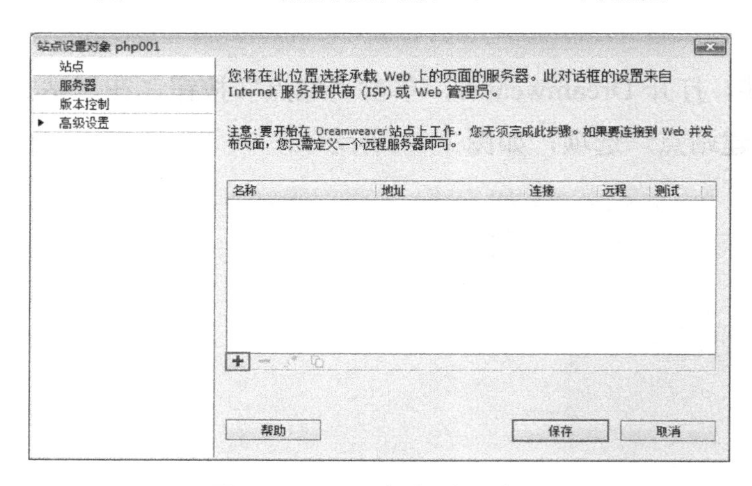

图 1-1-3 添加新的服务器

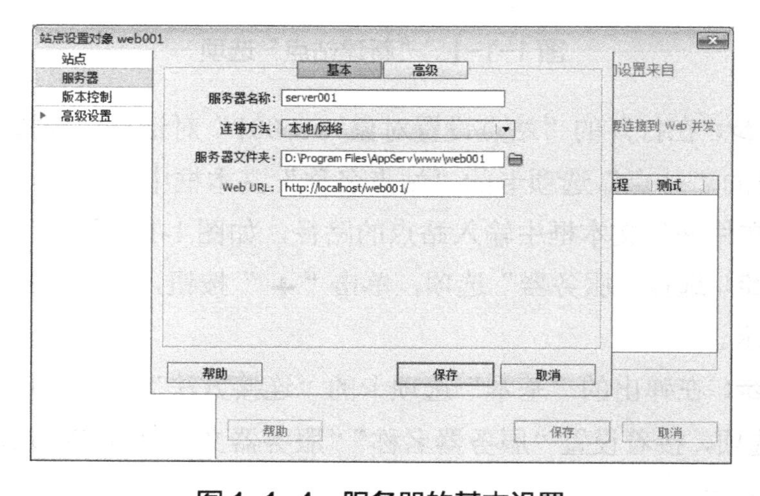

图 1-1-4 服务器的基本设置

⌛ **第 5 步:** 切换到“高级”选项卡，在“服务器模型”下拉菜单中选择“PHP MySQL”选项，如图 1-1-5 所示。

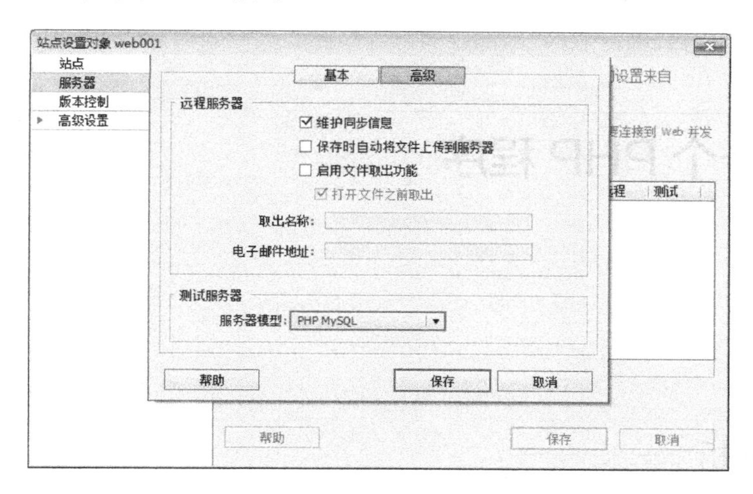

图 1-1-5 “PHP MySQL”选项

⌛ **第 6 步:** 单击“保存”按钮，回到“服务器”选项卡，勾选“测试”复选框，如图 1-1-6 所示，单击“保存”按钮完成站点的创建。在完成以上配置后，即可在 Dreamweaver 中按【F12】键来测试程序。

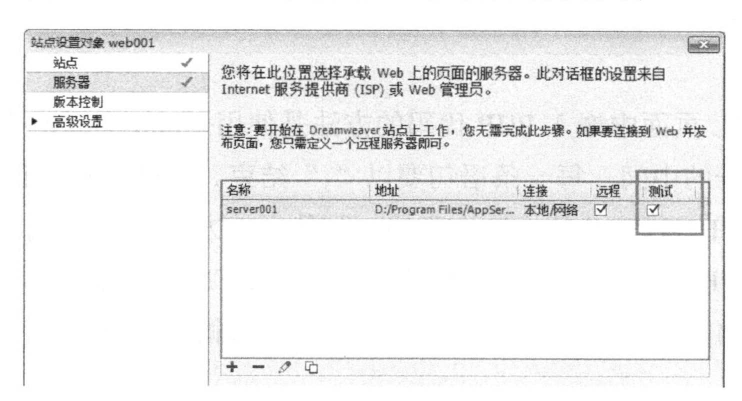

图 1-1-6 “测试”复选框

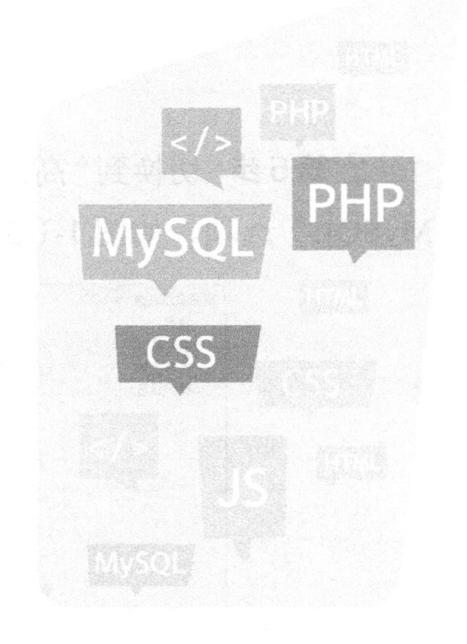

任务 2

测试第一个 PHP 程序

任务分析

本任务是编写一个简单的 PHP 程序，在页面中输出一行欢迎信息，目的是熟悉 PHP 语言的书写规则和 Dreamweaver 的基本使用方法。

知识准备

在 HTML 页面中嵌入 PHP 代码的方法是使用<?php ?>标识符，PHP 语句写在此标识符的中间，每一条语句要以“;”结束。<?php ?>标识符的作用是告诉服务器 PHP 程序从什么地方开始，到什么地方结束。<?php ?>标识符内的代码按照 PHP 语言的规定进行解释，以区分 HTML 代码。echo 语句用于在页面中输出内容，如“echo "hello"”会在页面中输出“hello”。

任务实施

第 1 步：打开 Dreamweaver，选择“文件”→“新建”选项，弹出“新建文档”对话框，如图 1-2-1 所示，在“页面类型”列表中选择“PHP”选项。单击“创建”按钮，完成 PHP 页面的创建。此时，文件尚未保存，可选择“文件”→“另存为”选项，弹出“另存为”对话框，如图 1-2-2 所示，进行保存。

注意，保存的目录选择上一个任务中创建的站点目录。在“文本名”文本框中输入“hello.php”，在“保存类型”下拉菜单中选择“PHP Files”选项，单击“保存”按钮。

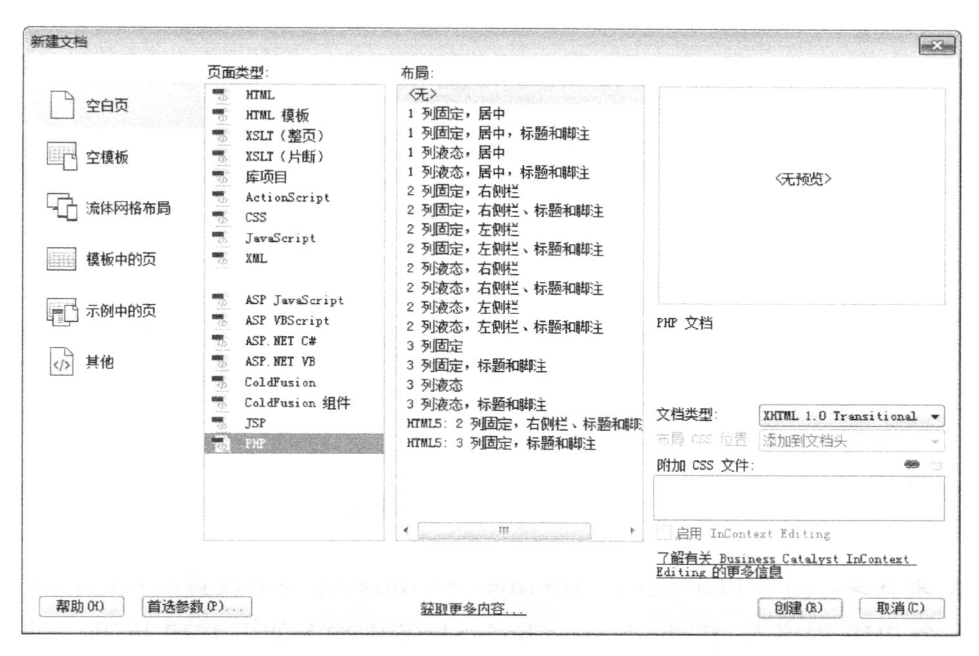

图 1-2-1 “新建文档”对话框

图 1-2-2 “另存为”对话框

第 2 步： 此时默认的视图是“设计”视图，可单击“代码”按钮切换到“代码”视图，如图 1-2-3 所示。

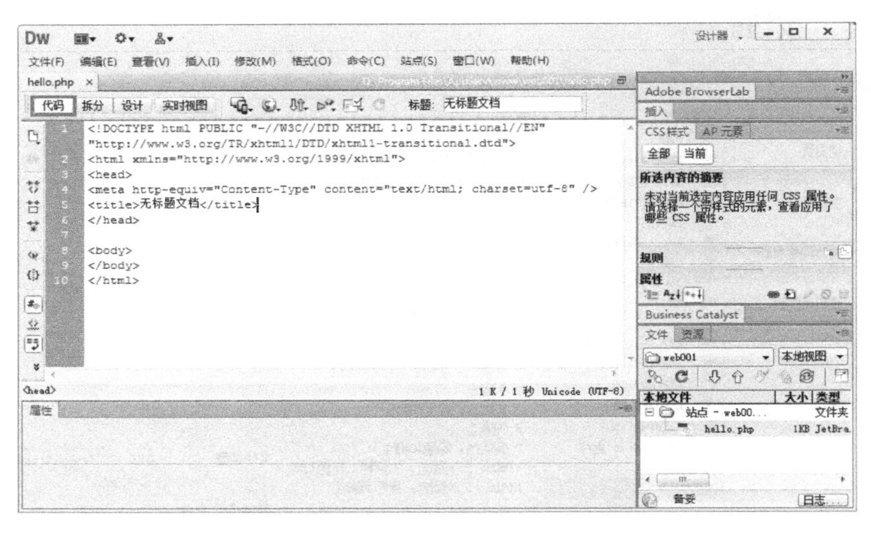

图 1-2-3 “代码”视图

第 3 步： 编写 PHP 代码。在<title>…</title>标签中设置网页的标题，如“第一个 PHP 程序”，在<body>…</body>标签中输入如下 PHP 代码。

```
<?php
    echo "欢迎来到PHP世界!";
?>
```

第 4 步： 打开浏览器，在地址栏中输入“http://localhost/web001/ hello.php”，或按【F12】键测试页面效果，运行结果如图 1-2-4 所示。

图 1-2-4 运行结果

思考与实训

1．列举常用的 PHP 集成开发环境软件。

2．下列关于 PHP 代码的开始标签和结束标签正确的是（　　）。

A．<?php　?>　　B．<?php　/>

C．<php?　?>　　D．<php> </php>

3．编写一个 PHP 页面，在页面中显示自己的学号和姓名。

项目2

PHP 语言基础

本项目包含：

任务1　PHP 基本语法与注释

任务2　常量与变量的应用

任务3　变量的数据类型

任务4　运算符与表达式

任务 1

PHP 基本语法与注释

任务分析

本任务是在 PHP 页面中使用 echo 语句和 date()函数来打印服务器时间。通过本任务掌握 PHP 代码的结构与 PHP 注释的使用。

知识准备

1. PHP 基本语法

PHP 语言是一种运行在服务器端的 HTML 内嵌式脚本语言，PHP 代码可以嵌入 HTML 代码中，HTML 代码也可以嵌入 PHP 代码中，PHP 程序示例如图 2-1-1 所示。

图 2-1-1 PHP 程序示例

2. PHP 开始标签和结束标签

在 PHP 程序中，所有的 PHP 代码必须位于开始标签和结束标签之间，以标记 PHP 代码的开始和结束，PHP 代码有 4 种风格。

（1）默认风格

以“<?php”“?>”作为开始标签和结束标签，是 PHP 代码常用的风格。默认情况下，使用该风格标记 PHP 代码。

（2）Script 风格

以“<script language="php">”“</script>”作为开始标签和结束标签，这种风格类似于 HTML 页面中 JavaScript 的表示方式。

（3）短风格

以“<?”“?>”作为开始标签和结束标签，这是一种简写方式，不过在使用这种风格前，应将 php.ini 配置文件中的“short_open_tag”项设置为开启，正常情况下不推荐使用。

（4）ASP 风格

以“<%”“%>”作为开始标签和结束标签，这是模仿 ASP 风格，是为了方便 ASP 使用者转向使用 PHP 代码。

3. PHP 注释

PHP 注释就是对程序语句添加文字说明，其内容将会被 PHP 预处理器所过滤，不会被执行。注释是为了提高代码的可读性，因此在编写代码的同时，应养成注释的好习惯。PHP 注释可分为单行注释和多行注释，单行注释的内容只能占用一行，而多行注释的内容可占用多行。

（1）单行注释

```
//第一种单行注释风格
#第二种单行注释风格
```

（2）多行注释

```
/* 第一行注释
  第二行注释
…
*/
```

任务实施

第 1 步： 新建一个 index.php 页面，在<body>...</body>标签中输入以下代码，用于输出系统时间，代码如下。

```
<?php
    echo date("Y年m月d日H时i分s秒");
?>
```

第 2 步： 为 PHP 代码添加注释，代码如下。

```
<?php
    /*
    PHP多行注释
      该程序输出服务器的当前时间
      */
    echo date("Y年m月d日H时i分s秒");  //PHP单行注释，该语句打印输出服务器的当前时间
?>
```

第 3 步： 运行 PHP 程序，运行结果如图 2-1-2 所示。

图 2-1-2　运行结果

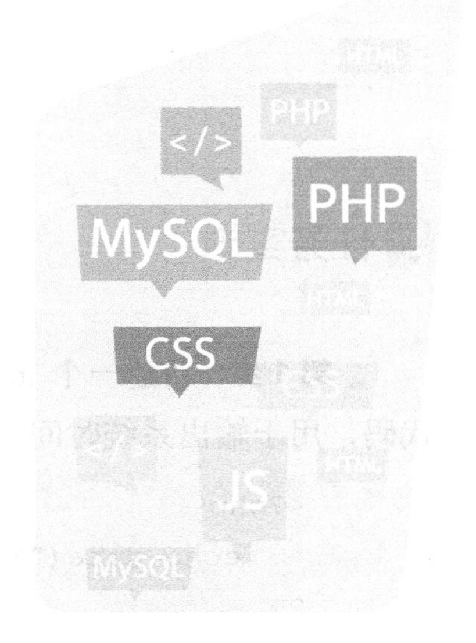

任务 2

常量与变量的应用

任务分析

本任务讲解常量与变量的应用，目的是理解常量与变量的含义，掌握常量和变量的声明与使用，理解并正确使用常用的预定义常量和预定义变量。

知识准备

1. 常量的声明

常量是值不变的量，常量的值只能被定义一次。常量的值一旦被定义，在程序的任何位置都不能被改变。PHP 语言使用 define()函数来声明常量，其语法格式如下。

```
define("常量名",常量值);
```

2. 预定义常量

PHP 语言提供了很多的预定义常量，可以使用这些预定义常量来获取信息，常见的 PHP 语言预定义常量如表 2-2-1 所示。

表 2-2-1 常见的 PHP 语言预定义常量

常量名	说明
__FILE__	PHP 文件名
__LINE__	PHP 程序行数
PHP_VERSION	PHP 程序的版本
PHP_OS	执行 PHP 解析器的操作系统名称
TRUE	真值
FALSE	假值
E_ERROR	最近的错误
E_WARNING	最近的警告
E_PARSE	解析语法有潜在的问题
E_NOTICE	发生不寻常但不一定是错误

3. 变量的声明

变量是指在程序执行的过程中数值可以改变的量。变量通过变量名进行标识。注意，给变量命名时必须符合以下规范。

① 以$符号开头，如$a、$id。

② 在$符号后面的第一个字符必须是字母或者下画线，不能是数字。

③ 除下画线以外，变量名不能出现空格或其他标点符号。

④ 变量名区分大小写，如$Id 和$id 是两个不同的变量。

PHP 语言是一门弱类型语言，在使用变量之前无须声明变量的类型，只需要对变量赋值即可。变量的赋值可通过“=”来实现，语法格式如下。

```
$变量名 = 值;
```

4. 预定义变量

PHP 语言提供了很多的预定义变量，用于获取用户会话、Cookie、服务器系统环境和用户系统环境等信息，常见的 PHP 语言预定义变量如表 2-2-2 所示。

表 2-2-2 常见的 PHP 语言预定义变量

变量名	说明
$_GLOBLES	包含全局变量的数组

续表

变量名	说明
$_GET	包含通过 GET 方法传递变量的数组，用于获取 GET 方法提交的数据
$_POST	包含通过 POST 方法传递变量的数组，用于获取 POST 方法提交的数据
$_FILES	包含文件上传变量的数组
$COOKIE	包含 Cookie 变量的数组
$_SESSION	包含会话变量的数组，用于获取会话相关的信息
$_ENV	包含环境变量的数组
$REQUEST	包含用户所有输入内容的数组，包括$_GET、$_POST 和$_COOKIE
$_SERVER	包含服务器环境变量的数组，如 $_SERVER['SERVER_ADDR']、$_SERVER['SERVER_NAME']、$_SERVER['SERVER_PORT']分别表示服务器的 IP 地址、名称和端口号，$_SERVER['REMOTE_ADDR']、$_SERVER['REMOTE_HOST']、$_SERVER['REMOTE_PORT']分别表示客户端用户的 IP 地址、主机名和端口号

任务实施

1. 常量的声明和使用

第 1 步： 新建 cl.php 页面，自定义一个常量，命名为 ZFBDC，赋值并输出，代码如下。

```
<?php
    define("ZFBDC","朝辞白帝彩云间，千里江陵一日还。两岸猿声啼不住，轻舟已过万重山。");
    echo ZFBDC;
?>
```

第 2 步： 运行 cl.php 页面，运行结果如图 2-2-1 所示。

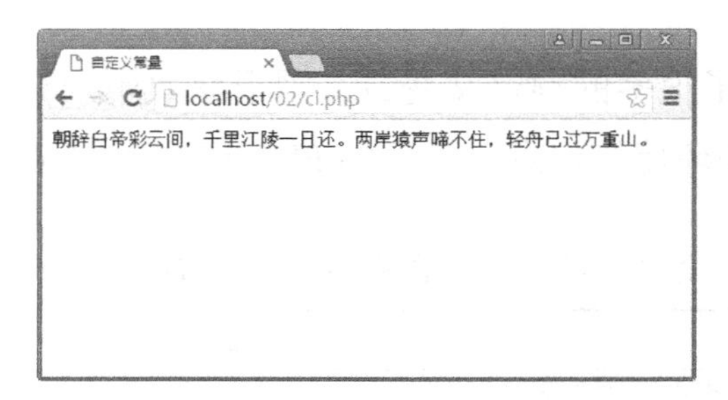

图 2-2-1　运行结果（1）

2. 使用预定义常量获取页面相关信息

⏳ **第 1 步：** 新建 ydycl.php 页面，输出 PHP 程序的文件名、代码行数、程序版本、当前操作系统，代码如下。

```
<?php
        echo __FILE__;
        echo "<br/>";
        echo __LINE__;
        echo "<br/>";
        echo PHP_VERSION;
        echo "<br/>";
        echo PHP_OS;
        echo "<br/>";
?>
```

⏳ **第 2 步：** 运行 ydycl.php 页面，运行结果如图 2-2-2 所示。

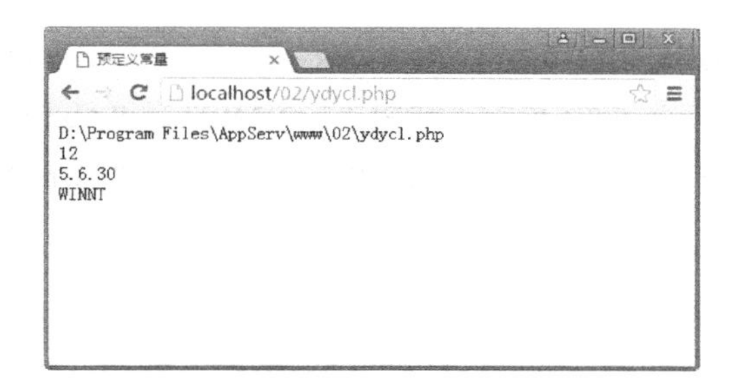

图 2-2-2　运行结果（2）

3. 变量的声明和使用

⏳ **第 1 步：** 新建 bl.php 页面，自定义 3 个变量$no、$name、$class，用于存储学生的学号、姓名和班级信息，并在页面中输出，代码如下。

```
<?php
        $no=10;
        $name="张三";
        $class="高三计算机1班";
        echo "学号：".$no."<br/>";
        echo "姓名：".$name."<br/>";
```

```
        echo "班级: ".$class."<br/>";
?>
```

第 2 步： 运行 bl.php 页面，运行结果如图 2-2-3 所示。

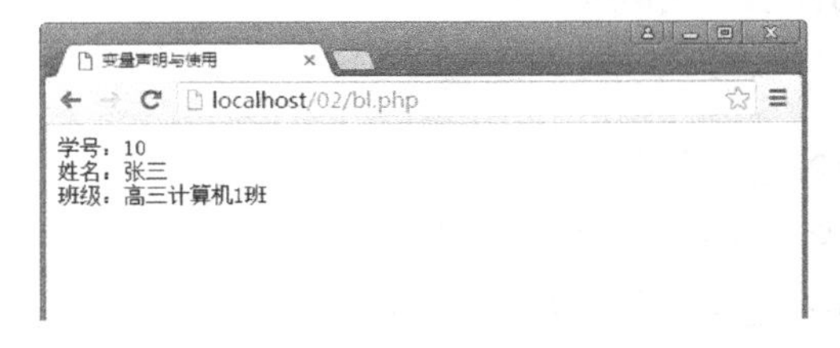

图 2-2-3　运行结果（3）

4．使用预定义变量获取服务器的相关信息

第 1 步： 新建 ydybl.php 页面，获取服务器的 IP 地址、主机名、使用的端口，代码如下。

```
<?php
        echo $_SERVER['SERVER_ADDR']."<br/>";
        echo $_SERVER['SERVER_NAME']."<br/>";
        echo $_SERVER['SERVER_PORT']."<br/>";
?>
```

第 2 步： 运行 ydybl.php 页面，运行结果如图 2-2-4 所示。

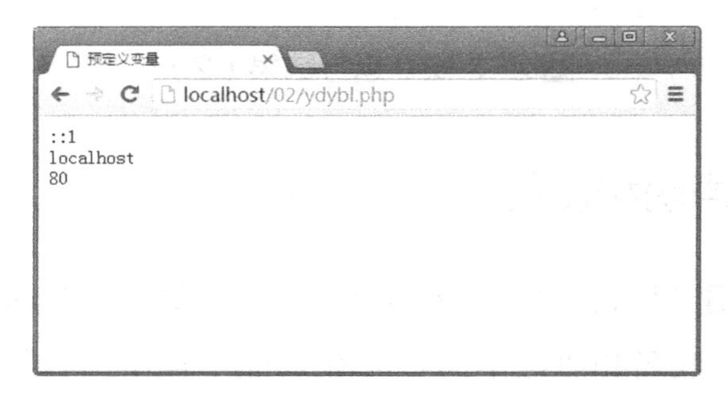

图 2-2-4　运行结果（4）

5．使用常量计算圆的周长与面积

第 1 步： 新建 yuan.php 页面，定义常量 PI 的值，并计算半径为 5 的圆

的周长和面积，代码如下。

```
<?php
        define("PI",3.1415926);
        $r=5;
        $zc=2*PI*$r;
        $mj=PI*$r*$r;
        echo "半径为5的圆的周长为".$zc.",面积为".$mj."<br/>";
?>
```

第 2 步： 运行 yuan.php 页面，运行结果如图 2-2-5 所示。

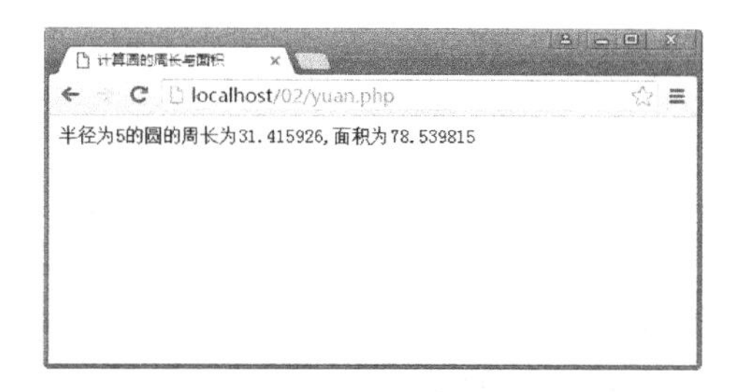

图 2-2-5　运行结果（5）

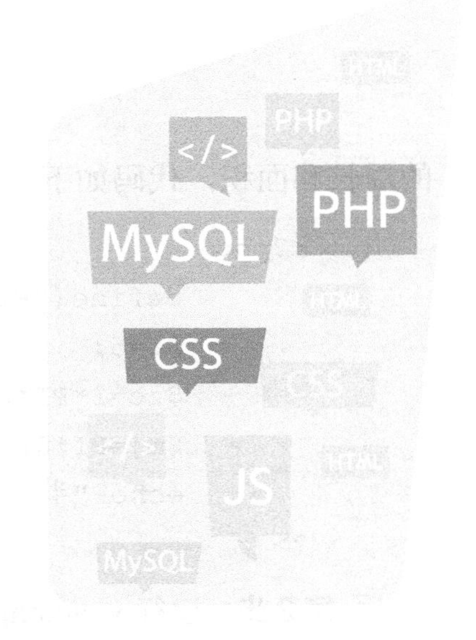

任务 3

变量的数据类型

任务分析

本任务详解各种数据类型的使用，要理解不同数据类型的含义，掌握常用的数据类型，会进行数据类型的转换、检测数据类型和输出数据类型。

知识准备

1. PHP 语言的数据类型

PHP 语言支持的数据类型有 8 种，包括 4 种标量类型，即整型（integer）、浮点型（float/double）、字符串型（string）和布尔型（boolean）；2 种复合类型，即数组（array）和对象（object）；2 种特殊类型，即资源类型（resource）和 NULL 型。下面介绍常用的数据类型，如表 2-3-1 所示。

表 2-3-1　常用的数据类型

类型	说明	举例
整型（integer）	用来存储整数	$a=1
浮点型（float/double）	用来存储实数	$a=3.5
字符串型（string）	用来存储字符串	$a="hello"
布尔型（boolean）	只有两个值，真（true）或假（false）	$a=true
数组（array）	用来存储一组数据	$a=array('a','b','c','d','e')

续表

类型	说明	举例
对象（object）	用来存储一个类的实例	$a=new Student()
资源类型（resource）	一个保存了外部资源的引用	$file=fopen("data.txt","r")
NULL 型	用来标记一个变量为空	$a=null

2. 数据类型转换

要进行数据类型转换，只需在变量前添加用括号括起来的数据类型的名称即可，如表 2-3-2 所示。

表 2-3-2　数据类型转换

转换操作符	含义	举例
(integer)	转换成整型	(integer)$str
(float)	转换成浮点型	(float)$str
(string)	转换成字符串型	(string)$num
(boolean)	转换成布尔型	(boolean)$num
(array)	转换成数组型	(array)$str
(object)	转换成对象	(object)$str

3. 检测数据类型

可以使用 var_dump()函数输出数据的相关信息，包括类型与值。同时，PHP 语言还提供了一系列的内置函数来判断数据是否属于某个具体的类型。检测数据类型的函数如表 2-3-3 所示。

表 2-3-3　检测数据类型的函数

函数	含义	举例
is_integer()	判断是否为整型	is_integer(2)
is_float()	判断是否为浮点型	is_float(true)
is_string()	判断是否为字符串型	is_string("hello")
is_bool()	判断是否为布尔型	is_bool(true)
is_array()	判断是否为数组类型	is_array($arr)
is_object()	判断是否为一个对象	is_object($obj)
is_null()	判断是否为 null	is_null($s)
is_numeric()	判断是否为数字	is_numeric('abc')

任务实施

1. 使用var_dump()函数输出数据类型

第1步： 新建sjlx.php页面，分别定义整型、浮点型、字符串型、布尔型和数组型变量，并使用var_dump()函数输出各变量的数据类型，代码如下。

```
<?php
        $a=1;
        $b=5.832;
        $c="hello";
        $d=true;
        $e=array(1,2,3,4,5);
        var_dump($a);
        echo "<br/>";
        var_dump($b);
        echo "<br/>";
        var_dump($c);
        echo "<br/>";
        var_dump($d);
        echo "<br/>";
        var_dump($e);
    ?>
```

第2步： 运行sjlx.php页面，运行结果如图2-3-1所示。

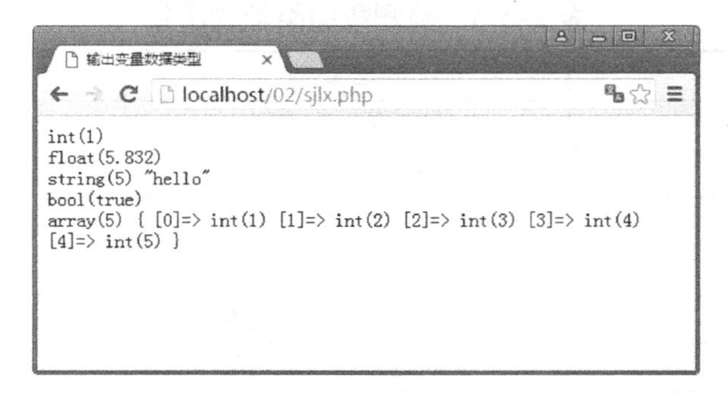

图2-3-1 运行结果（1）

2. 类型转换

第 1 步： 新建 lxzh.php 页面，分别将布尔型数据、浮点型数据转换为整型数据，将整型数据、浮点型数据转换为字符串型数据，并将数值型数据与字符串型数据进行相加，系统将会自动进行类型转换，代码如下。

```
<?php
        $n1=5.3;
        echo (integer)$n1;  //将浮点型数据转换为整型数据
        echo "<br/>";
        $b1=false;
        echo (integer)$b1;  //将布尔型数据转换为整型数据
        echo "<br/>";
        $n2=2;
        $zfc1=(string)$n1;  //将浮点型数据转换为字符串型数据
        echo $zfc1;
        echo "<br/>";
        $zfc2=(string)$n2;  //将整型数据转换为字符串型数据
        echo $zfc2;
        echo "<br/>";
        echo "n1+zfc2结果为: ";
        echo $n1+$zfc2;
    ?>
```

第 2 步： 运行 lxzh.php 页面，运行结果如图 2-3-2 所示。

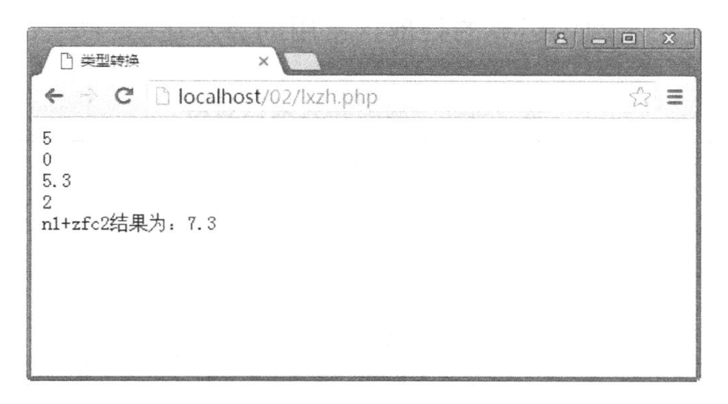

图 2-3-2　运行结果（2）

任务 4

运算符与表达式

任务分析

本任务进行运算符与表达式的综合练习。

知识准备

运算符是用来对数据进行运算的符号，包括算术运算符、字符串运算符、赋值运算符等，下面介绍一些常用的运算符。

1. 算术运算符

算术运算符用于四则运算的处理，常用的算术运算符如表 2-4-1 所示。

表 2-4-1　常用的算术运算符

运算符	名称	举例
+	加法运算	$a+$b
-	减法运算	$a-$b
*	乘法运算	$a*$b
/	除法运算	$a/$b
%	取余运算	$a%$b
++	递增运算	$a++、++$a
--	递减运算	$b--、--$b

其中，递增运算和递减运算有两种方式：++（--）在变量之前为前置递增（递减），作用是先将变量增加（减少）1，然后再返回变量的值；++（--）在变量之后为后置递增（递减），作用是先返回变量的值，然后再将变量增加（减少）1。

2. 字符串运算符

字符串运算符只有一个，即英文句号“.”，作用是将两个字符串连接起来，形成一个新的字符串。注意“.”与“+”的区别，当使用“+”时，系统会认为这是一次加法运算，如果“+”两边是字符串型数据，则自动转换为整型数据。如果以字母开头，则转换为 0；如果以数字开头，则将后面的字符串丢弃，只截取开头的数字，进行运算。

3. 赋值运算符

赋值运算符可以把数据传递给特定的变量，常用的赋值运算符如表 2-4-2 所示。

表 2-4-2 常用的赋值运算符

运算符	含义	举例	展开形式
=	将运算符右边的值赋给运算符左边的变量	$a=$b	无
+=	将运算符右边的值加到运算符左边的变量	$a+=$b	$a=$a+$b
-=	将运算符右边的值减到运算符左边的变量	$a-=$b	$a=$a-$b
*=	将运算符左边的值乘以右边的结果赋给运算符的左边的变量	$a*=$b	$a=$a*$b
/=	将运算符左边的值除以右边的结果赋给运算符的左边的变量	$a/=$b	$a=$a/$b
.=	将运算符右边的字符串连接到运算符左边的变量	$a.=$b	$a=$a.$b
%=	将运算符左边的值对右边取余的结果赋给运算符左边的变量	$a%=$b	$a=$a%$b

4. 比较运算符

比较运算符用于比较表达式两端数据的大小，常用的比较运算符如表 2-4-3 所示。

表 2-4-3 常用的比较运算符

运算符	含义	举例
==	相等	$a==$b
!=	不相等	$a!=$b
>	大于	$a>$b
<	小于	$a<$b
>=	大于等于	$a>=$b
<=	小于等于	$a<=$b
===	恒等	$a===$b
!==	不恒等	$a!==$b

其中，需要区分“===”“==”。“$a===$b”表示“$a”“$b”不只是数值相等，而且二者的类型也一样，“$a!==$b”表示二者或者数据类型不一样，或者数值不相等。

5. 逻辑运算符

逻辑运算符用于逻辑判断和运算，常用的逻辑运算符如表 2-4-4 所示。

表 2-4-4 常用的逻辑运算符

运算符	名称	举例	结果为真
&& 或 and	逻辑与	$a and $b	当$a 和$b 都为真时
|| 或 or	逻辑或	$a || $b	当$a 和$b 二者中至少一者为真时
xor	逻辑异或	$a xor $b	当$a、$b 一真一假时
!	逻辑非	!$a	当$a 为假时

6. 三元运算符

三元运算符的作用是完成简单的逻辑判断，即根据条件表达式的值是真值或假值在后两个表达式中选择一个表达式执行。如果条件表达式的值为真值，则执行表达式 1，否则执行表达式 2，语法格式如下。

```
条件表达式 ? 表达式1 : 表达式2
```

7. 表达式

表达式包含了操作数和操作符。操作数可以是变量也可以是常量，操作符体现了各种操作，如逻辑判断、赋值运算、关系运算等。例如，$str="hello" 就是一个表达式。在 PHP 语言中，用“;”来区分表达式。一个表达式加上一个“;”，就组成了一条 PHP 语句。

任务实施

1. 四则运算

第 1 步： 新建 szys.php 页面，分别使用几种不同的算术运算符进行运算，代码如下。

```
<?php
    $a=20;
    $b=7;
    echo "a=".$a."<br/>";
    echo "b=".$b."<br/>";
    echo $a."+".$b."=".($a+$b)."<br/>";
    echo $a."-".$b."=".($a-$b)."<br/>";
    echo $a."*".$b."=".($a*$b)."<br/>";
    echo $a."/".$b."=".($a/$b)."<br/>";
    echo $a."+".$b."=".($a+$b)."<br/>";
    echo $a."%".$b."=".($a%$b)."<br/>";
    echo "a++=".$a++;
    echo " 运算后的结果为：".$a;
    echo "<br/>";
    echo "b--=".$b--;
    echo " 运算后的结果为：".$b;
    echo "<br/>";
  ?>
```

第 2 步： 运行 szys.php 页面，运行结果如图 2-4-1 所示。

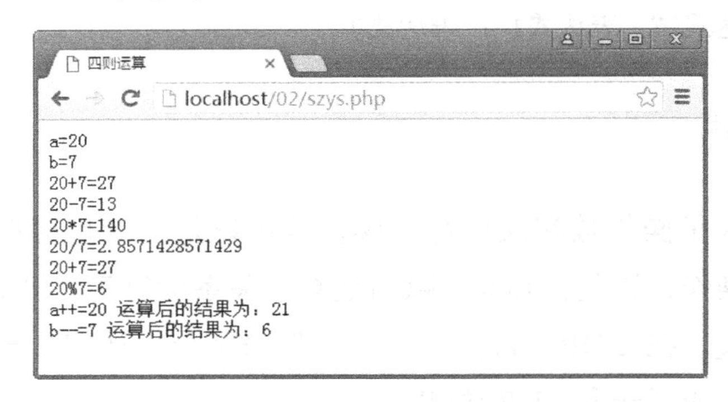

图 2-4-1　运行结果（1）

2. 字符串运算

第 1 步： 新建 zfcys.php 页面，使用“.”运算符进行字符串的连接，对比“.”“+”二者之间的区别。

```
<?php
    $n1="5.87";
    $n2=2;
    $a=$n1.$n2;
    echo $a;
    echo "<br/>";
    $b=$n1+$n2;
    echo $b;
    echo "<br/>";
?>
```

第 2 步： 运行 zfcys.php 页面，运行结果如图 2-4-2 所示。

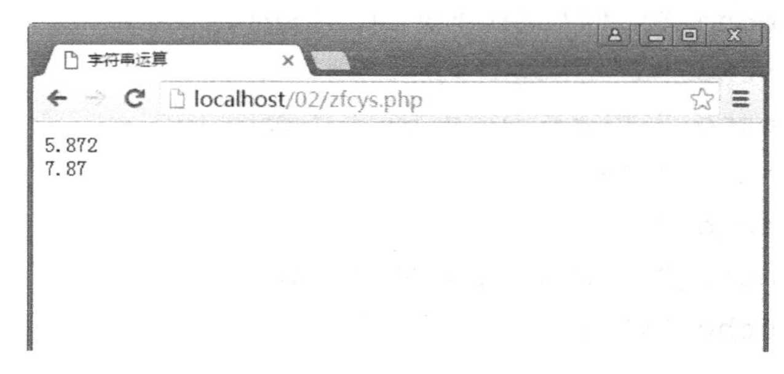

图 2-4-2　运行结果（2）

3. 表达式应用

第 1 步： 新建 bds.php 页面，进行运算符与表达式的综合练习，代码如下。

```
<?php
        $a=18;
        $b=7;
        $c="A";
        $d="a";
        echo $a/$b;
        echo "<br/>";
        echo $a%$b;
        echo "<br/>";
        echo "2abc"+"100";
        echo "<br/>";
        echo "2abc"."100";
        echo "<br/>";
        var_dump($a>$b);
        echo "<br/>";
        var_dump($c==$d);
        echo "<br/>";
        var_dump(-5 < 2 && $a < $b || $b==7);
        echo "<br/>";
        var_dump(!($a>=0));
    ?>
```

第 2 步： 运行 bds.php 页面，运行结果如图 2-4-3 所示。

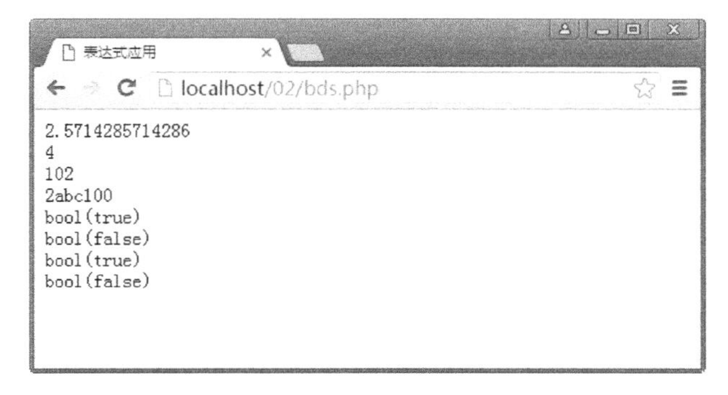

图 2-4-3 运行结果（3）

思考与实训

1．在 PHP 代码中，正确的输出语句是（　　）。

A．println()　　B．console.log()

C．echo　　D．document.write()

2．下列选项不是基本数据类型的是（　　）。

A．undefined　　B．array(1, 2, 3)

C．false　　D．null

3．下列选项中是规范的 PHP 变量的是（　　）。

A．let username = “hacker”;

B．page := 2;

C．String password = “123”;

D．$id = 2;

项目 3

PHP 流程控制

本项目包含：

任务 1　判断语句

任务 2　while 循环语句

任务 3　for 循环语句

任务 1

判断语句

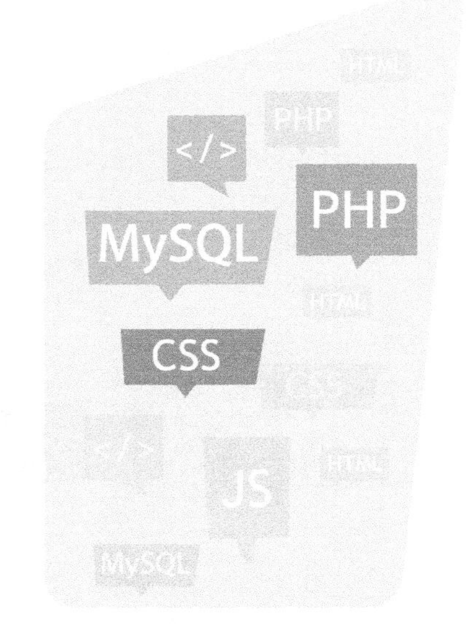

任务分析

本任务通过对案例的分析，了解布尔型的判断与使用，掌握 if 语句的使用，掌握扩展 if 语句的 else、elseif 关键字，了解 switch case 条件判断语句。

知识准备

1. 理解 true 和 false

在 PHP 语言中，每个表达式的值都可能是真值（true）或假值（false）。这就需要理解表达式计算得出值是真值或假值的原理，即什么情况下为真值？什么情况下为假值？

表达式的值什么时候为真值？除 0 和 0.0 以外的整数和浮点数都是真值，除空字符串和包含 0 的字符串以外的字符串都是真值。另外，false 和 null 这两个特殊的常量是假值。因此，需要正确地判断表达式的值。

判断一个表达式是真值还是假值分为两步。第一步，计算表达式的结果。第二步，判断结果是真值还是假值。有些表达式的计算结果容易理解。数学表达式可以看作用笔在纸上做数学运算。例如，7×6=42，因为 42 是真值，所以表达式 7×6 的结果是真值。例如，5−6+1=0，因为 0 是假值，所以表达式 5−6+1 的结果是假值。

对于字符串拼接来说，原理相同。拼接两个字符串所得到的结果是一个新的组合字符串。表达式“good good study”“day day up”等同于字符串“good good study day day up”，为真值。

赋值运算得到的值是被赋予的那个值。例如，$price = 5 的结果为 5，因为 5 是真值，所以表达式$price = 5 的结果是真值。

为了提高代码的易读性，本任务及后续两个任务将在变量、值等代码讲解时，尽量使用拼音来代替英文单词，降低阅读难度，帮助读者快速掌握 PHP 语言的语法结构。

2. if 语句

在 if 语句中，当表达式的值为真值时，才会执行程序中的某些语句。这样，程序可以根据表达式值的真假执行不同的操作。

```
if (表达式){
        程序块;
}
```

if 语句的流程图如图 3-1-1 所示。

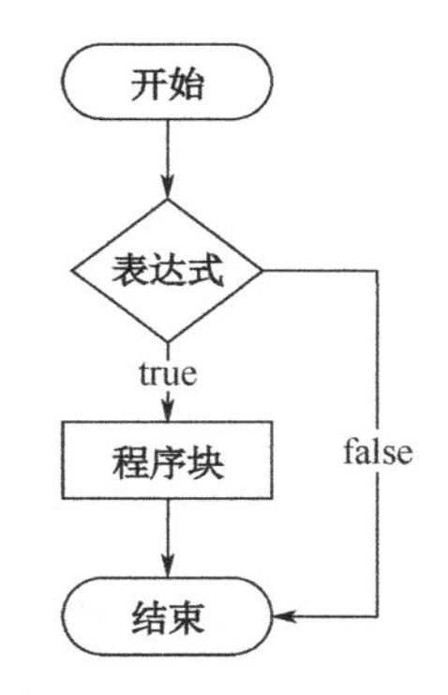

图 3-1-1　if 语句的流程图

if 语句会计算括号中表达式的值，如果表达式的值为真值，运行 if 语句之后{}里的语句。如果表达式的值为假值，程序会继续执行{}之后的语句，代码如下。

【实例 1】

```
$denglu = true;
//如果成立就打印登录成功
```

```
if($denglu){
    print "登录成功";
}
```

在实例 1 中，测试表达式是变量$denglu。如果变量$denglu 的值是 true（或者是其他真值，如 5、-12），那就打印“登录成功”。

{}中的语句数量不限，但是每个语句要以分号结尾。这与 if()之外的语句是一样的。然而，代表程序块结束的}之后无须分号，实例 2 的代码如下。

【实例 2】

```
if($denglu){
        print "登录成功";
        print "请及时修改密码";
}
print "登录结束";
```

3. if...else 语句

如果当表达式的值为假值时运行不同的语句，可以在 if 语句中添加一个 else 子句。

```
if(表达式){
        程序块1;
}else{
        程序块2;
}
```

该语句的含义为：当表达式的值为真值时，执行程序块 1；当表达式的值为假值时，执行程序块 2。if...else 语句的流程图如图 3-1-2 所示。

【实例 3】

```
if($denglu){
        print "登录成功";
}else{
        print "登录失败";
}
```

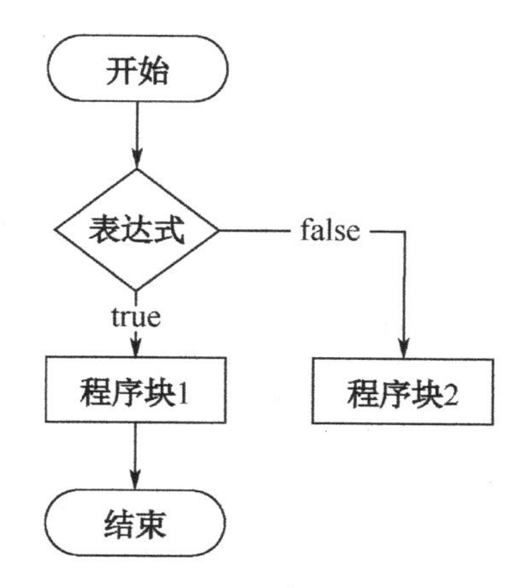

图 3-1-2 if...else 语句的流程图

仅当 if 语句的表达式（变量$denglu）的值为真值时才运行第一个 print 语句。否则执行第二个 print 语句，即 else 子句中的语句。

4. elseif 语句

if...else 语句通常选择两种结果，即真值或假值，但有时也会出现两种以上的选择。例如，如果是 90 分及以上，则为“优秀”，如果是大于等于 80 分且不到 90 分，则为“良好”；如果是大于等于 60 分且不到 80 分，则为“合格”，如果低于 60 分，则为“不及格”。这时可以使用 elseif 语句来执行，语法格式如下。

```
If(表达式1){
        程序块1;
}elseif(表达式2){
        程序块2;
}...
else{
        程序块n;
}
```

elseif 语句的流程图如图 3-1-3 所示。

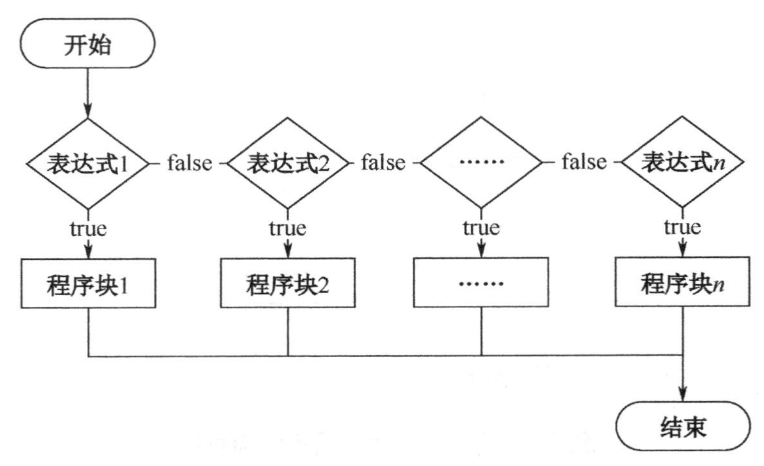

图 3-1-3　elseif 语句的流程图

判断学生成绩等级的代码如下。

【实例 4】

```
if($fenshu >= 90){
        print "优秀";
}elseif($fenshu >= 80){
        print "良好";
}elseif($fenshu >= 60){
        print "合格";
}else{
        print "不合格";
}
```

如果 if 语句中表达式的值为真，执行 if 语句之后的程序块，忽略剩余所有 elseif 语句和对应的程序块。如果 if 语句中表达式的值为假值，则转到第一个 elseif 语句，依此类推。

对于 if 语句和 elseif 语句来说，最多只会执行一个程序块。即第一个表达式为真的程序块，后续程序块不会被执行。

elseif 可以搭配 else 使用，如果 if 和 elseif 语句中表达式的值都为假值，则运行 else 语句的程序块。

请读者根据以上原则，分析理解实例 4 中的代码。

任务实施

1. 根据一个人的身高与体重，通过身体质量指数计算公式，判断这个人的胖瘦程度

身体质量指数的计算公式如下。

身体质量指数=体重（kg）÷身高^2（m）

例如，一个人的身高为 1.72m，体重为 60kg，计算他的身体质量指数，并判断胖瘦程度。

胖瘦程度与身体质量指数的关系如表 3-1-1 所示。

表 3-1-1 胖瘦程度与身体质量指数的关系

胖瘦程度	身体质量指数
体重过轻	BMI < 18.5
正常范围	18.5 <= BMI < 24
体重过重	24 <= BMI < 27
轻度肥胖	27 <=BMI < 30
中度肥胖	30 <= BMI < 35
重度肥胖	35 <=BMI

第 1 步： 新建 bmi.php 页面，根据身高、体重，计算身体质量指数（BMI），代码如下。

```
<?php
        $shengao=1.72;
        $tizhong=60;
        $bmi=$tizhong/($shengao*$shengao);
        print '身高'.$shengao.'m';
        print '<br>';
        print '体重'.$tizhong.'kg';
        print '<br>';
        print 'BMI:'.$bmi;
        print '<br>';
```

```
            if($bmi<18.5){
                print "体重过轻";
            }elseif($bmi<24){
                print "正常范围";
            }elseif($bmi<27){
                print "体重过重";
            }elseif($bmi<30){
                print "轻度肥胖";
            }elseif($bmi<35){
                print "中度肥胖";
            }else{
                print "重度肥胖";
            }
    ?>
```

第 2 步：运行 bmi.php 页面，运行结果如图 3-1-4 所示。

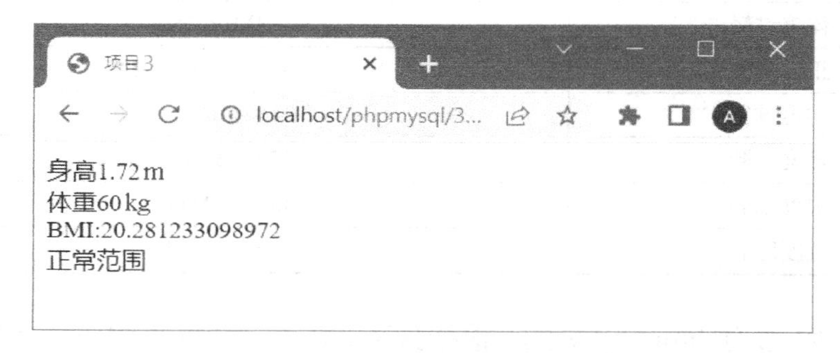

图 3-1-4 运行结果（1）

2. 判断某年份是否为闰年

定义一个年份，然后判断该年份是否为闰年，闰年判断标准（满足以下两个条件中的任何一个）如下。

① 能够被 4 整除，但是不能被 100 整除。

② 能够被 400 整除。

第 1 步：新建 runnian.php 页面，代码如下。

```
<?php
        $nian=1932;
```

```
        if(($nian%4==0 && $nian%100!=0) || $nian%400==0){
            print $nian.'是闰年';
        }else{
            print $nian.'不是闰年';
        }
?>
```

第 2 步： 运行 runnian.php 页面，运行结果如图 3-1-5 所示。

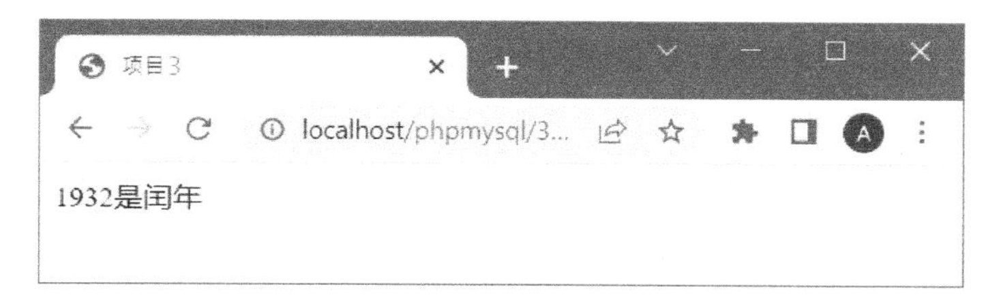

图 3-1-5　运行结果（2）

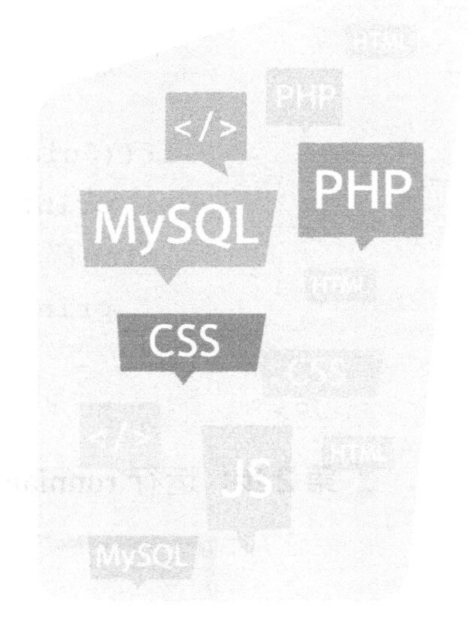

任务 2

while 循环语句

任务分析

掌握 while 循环语句，了解 break 关键字。

知识准备

1. while 循环语句

在上一个任务中，已经学习了判断语句，在预先设定的条件下，程序根据内容选择执行符合条件中的语句。但有时需要重复使用某段代码或函数，如果要采用累加法计算 1+2+3+…+100，无疑是非常烦琐的，但使用循环语句就能快速地完成计算。通过本任务来学习循环语句之一的 while 循环语句。

while 循环语句的语法格式如下。

```
while(表达式){
        程序块;
}
```

while 循环语句的流程图如图 3-2-1 所示。

执行 while 循环语句相当于重复执行 if 语句，并且要为 while 循环语句提供一个表达式。当表达式的值为真值时执行程序块。与 if 语句不同的是，每次执行完程序块之后，while 循环语句都会再次检查表达式。如果 while 循环语句的结果仍为真值，则再次执行程序块。当结果为假，继续执行程序块之后的语句。注意，程序块应该设置合理的输出，防止程序进入死循环。

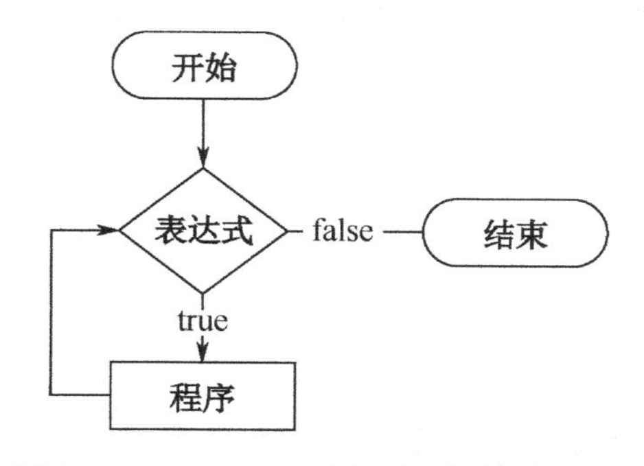

图 3-2-1 while 循环语句的流程图

例如，求 1+2+3+4+5 和的流程图如图 3-2-2 所示，代码如下。

```
while($i<=5){
        $zonghe=$zonghe+$i;
        $i=$i+1;
}
```

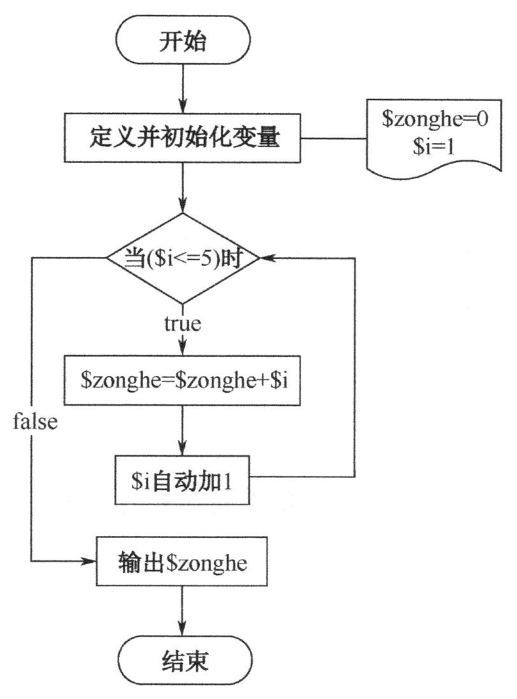

图 3-2-2 求 1+2+3+4+5 和的流程图

2. break 关键字

在使用 while 循环语句时，有时需要在满足条件时才可停止循环，遇到这样的情况可以将表达式设置为一直符合条件（true），即无限循环，语法格式如下。

```
while(true){
        ……
}
```

将退出循环的主动权放在 while 循环内部，当程序满足条件时才退出循环，退出循环的关键字为 break。下面来看一个实例，无限循环打印，遇到 8 时终止循环。

```
$i = 0;
while(true){
        $i++;
        if($i == 8){
            break;
        }
        print $i;
        print '<br>';
}
```

以上代码中，在循环体内部添加了 if 判断语句，当结果为 8 时，则终止循环，应输出 1～7，读者可自行尝试。

任务实施

1. 使用 while 循环语句，换行输出 1～5

第 1 步： 新建 println-while.php 页面，代码如下。

```
<?php
        $n=1;
        while($n<=5){
            print $n;
```

```
        print '<br>';
        $n=$n+1;
    }
?>
```

第2步：运行 println-while.php 页面，运行结果如图 3-2-3 所示。

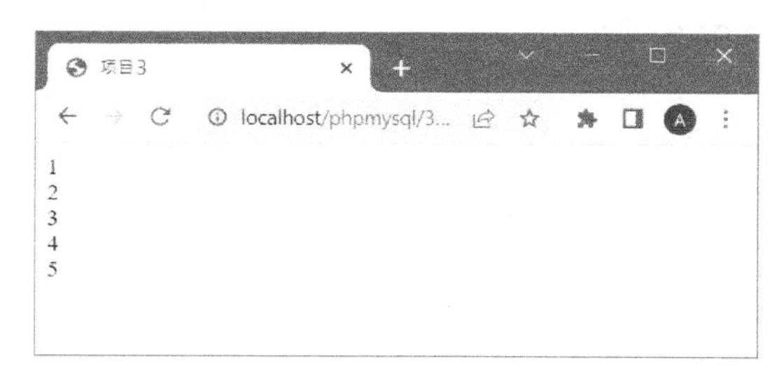

图3-2-3 运行结果（1）

2. 使用 while 循环语句，计算指定数的阶乘

第1步：新建 jiecheng.php 页面，代码如下。

```
<?php
    // N的阶乘等于 N* (N-1) * (N-2) * ... * 1
    $n=5;
    print $n;
    $zonghe=1;
    while($n>0){
        $zonghe = $zonghe *$n;
        $n=$n-1;
    }
    print '的阶乘为：'.$zonghe;
?>
```

第2步：运行 jiecheng.php 页面，运行结果如图 3-2-4 所示。

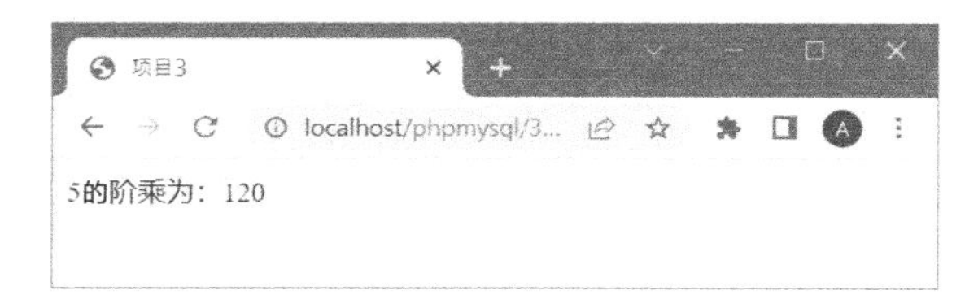

图3-2-4 运行结果（2）

3. 使用 while 循环语句，计算 1～100 中所有偶数之和

第1步： 新建 zonghe-while.php 页面，代码如下。

```
<?php
        $n=1;
        $zonghe=0;
        while($n<=100){
            if($n%2==0){
                $zonghe+=$n;
            }
            $n++;
        }
        print '偶数之和为：'.$zonghe;
?>
```

第2步： 运行 zonghe-while.php 页面，运行结果如图 3-2-5 所示。

图 3-2-5　运行结果（3）

任务 3

for 循环语句

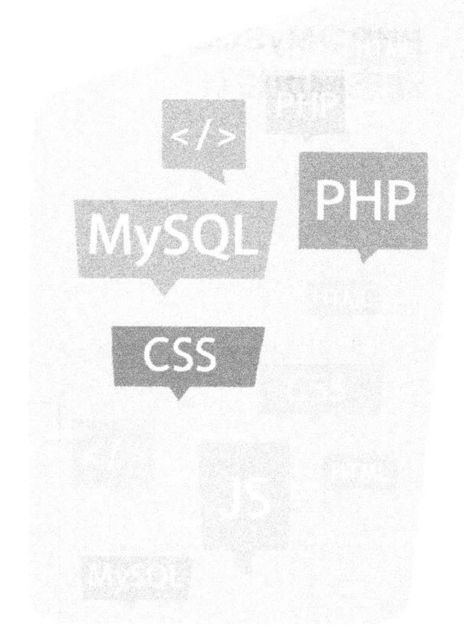

任务分析

掌握 for 循环语句，了解 continue 关键字。

知识准备

1. for 循环语句

for 循环语句的语法格式如下。

```
for(表达式1; 表达式2; 表达式3){
        程序块
}
```

其中，表达式 1 在第一次循环时无条件执行一次，之后不再使用；表达式 2 在每次循环开始前执行一次，如果表达式的值为真值，则执行程序块中的语句，否则跳出循环；表达式 3 在每次循环后被执行。for 循环语句的流程图如图 3-3-1 所示。

同样完成上一任务中求 1+2+3+4+5 的和，流程图如图 3-3-2 所示。使用 for 循环语句，对照代码，通过流程图可以很容易地分析出程序是如何运行的。

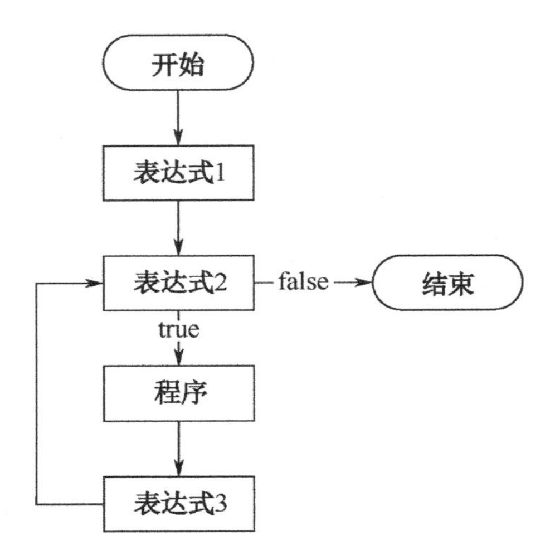

图 3-3-1　for 循环语句的流程图

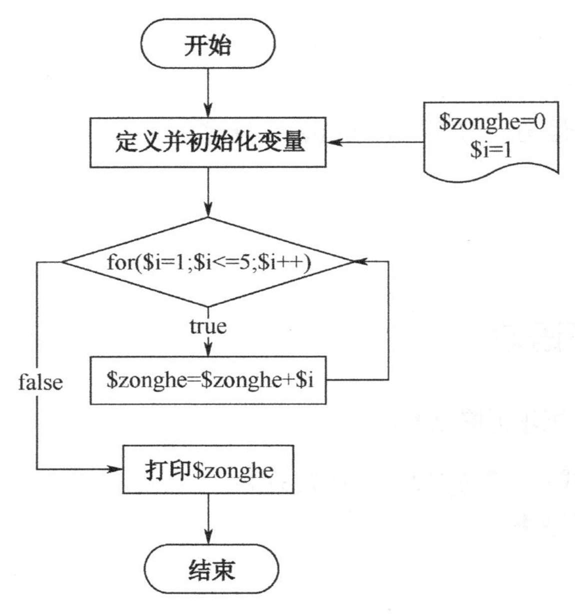

图 3-3-2　求 1+2+3+4+5 和的流程图

2. continue 关键字

continue 关键字只能终止本次循环而进入下一次循环，也就是依然在循环中。回到上一个任务中 break 的案例，当遇到 8 时，执行 continue，则循环会一直换行打印数字，但不会输出 8，因为遇到 8 时则跳过当前循环，继续执行下一次循环，而不是终止循环。

```
$i = 0;
while(true){
        $i++;
        if($i == 8){
            continue;
        }
        print $i;
        print '<br>';
}
```

注意，上述程序会出现死循环，可以在 Chrome 浏览器中按【ESC】键终止循环。

任务实施

1. 使用 for 循环语句，换行输出 1~5

第 1 步： 新建 println-for.php 页面，代码如下。

```
<?php
for($i=1;$i<=5;$i++){
        print $i;
        print '<br>';
}
?>
```

第 2 步： 运行 println-for.php 页面，运行结果如图 3-3-3 所示。

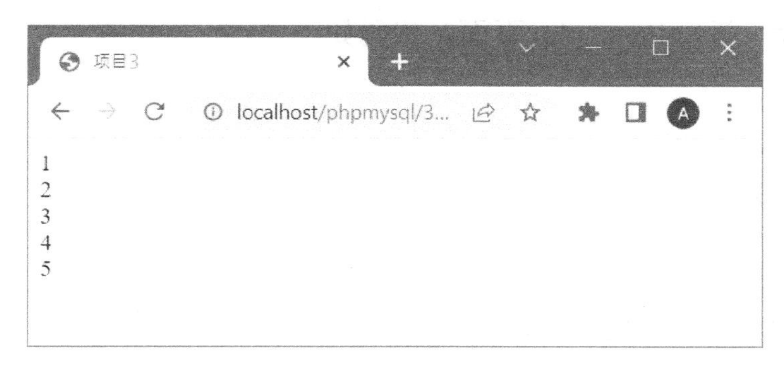

图 3-3-3　运行结果（1）

2. 使用 for 循环语句，计算 1～100 中偶数之和

第 1 步： 新建 zonghe-for.php 页面，代码如下。

```
<?php
        $zonghe=0;
        for($i=1;$i<=100;$i++){
            if($i%2==0){
                $zonghe+=$i;
            }
        }
        print '偶数和为：'.$zonghe;
?>
```

第 2 步： 运行 zonghe-for.php 页面，运行结果如图 3-3-4 所示。

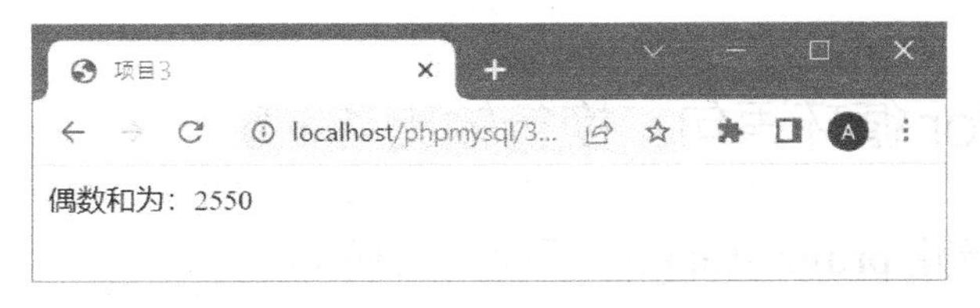

图 3-3-4　运行结果（2）

3. 使用 for 循环语句，计算乞丐要钱问题

书法是中华文化的重要组成部分，为了循序渐进地学习书法，小周同学决定第 1 天练 1 个字，第 2 天练 2 个字，第 3 天练 4 个字，第 4 天练 8 个字，依此类推，问小周 10 天练了多少字？

第 1 步： 新建 lianzi.php 页面，代码如下。

```
<?php
$zonghe=1;
$n=1;
for($i=2;$i<=10;$i++){
    $n=$n*2;
    $zonghe=$zonghe+$n;
}
```

```
print '小周一共练了'.$zonghe.'个字';
?>
```

第 2 步： 运行 lianzi.php 页面，运行结果如图 3-3-5 所示。

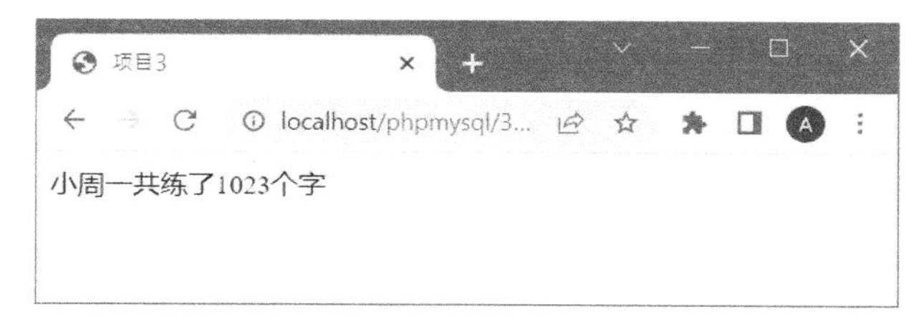

图 3-3-5　运行结果（3）

思考与实训

1．输出 4 行 5 列的*形。
2．判断 101～200 中有多少个素数？输出所有的素数。
3．求 1+2+4+8+…+128+256 的和。

项目 4

PHP 数组操作

本项目包含：

任务 1　数组基础

任务 2　遍历数组

任务 3　操作数组

任务 1

数组基础

任务分析

了解并掌握一维数组的概念与定义方法，掌握数组与字符串之间的转换方法，如何向数组中添加元素，以及查询数组中指定元素。

知识准备

1. 什么是数组

数组的定义是抽象的。为了方便理解，举个足球队的例子，首先，可以把这些球员看作足球队的队员，然后再利用球员的号码来区分每个队员，这时这支球队就可看作一个数组，而号码就是这个数组的下标，也可以称为键。当指明是某队几号队员时就能找到这名球员。在声明数组中，将进一步讲解数据与下标。

2. 声明数组

在 PHP 语言中声明数组的方式主要有两种。

（1）array()函数

使用 array()函数定义数组较为灵活，可以在函数体中给出数组中的数据，

而不必给出数组的下标，代码如下。

```
<?php
    $arr=array(“张三”,“李四”,“王五”)          //定义数组
    var_dump($arr);                            //输出数组元素
?>
```

运行结果如下。

```
Array([0]=>张三[1]=>李四[2]=王五)
```

注意，这里的$arr 为数组名，=array()为固定写法，结果中的 0、1、2 为数组的下标。

当需要使用数组中的数据时，可以使用如下方式进行调用。

```
<?php
    print $arr[1];                  //输出数组元素的第二个下标值
?>
```

运行结果如下。

```
张三
```

注意，使用这种方式定义数组时，数组的下标默认从 0 开始，而不是从 1 开始，之后下标依次增加 1，所以数组的下标为 2 的元素是指数组的第 3 个元素。

（2）为数组元素赋值的方式

当不需要确定所需数组的大小，以及需要动态添加数组时，可以采用这种方式。

【实例 1】为了加深对这种数组声明方式的理解，下面通过具体实例对该种数组声明方式进行讲解，代码如下。

```
<?php
        $xuexiao[1]=“上”
        $xuexiao[2]=“学”
        $xuexiao[3]=“了”
        var_dump($xuexiao);              //输出数组元素
?>
```

运行结果如下。

```
Array([1])=>上[2]=>学[3]=>了)
```

注意，当使用直接为数组元素赋值的方式声明数组时，要求同一数组中的元素的数组名应相同。

3. 数组的类型

PHP 语言支持两种数组：数字索引数组（下标为数字）和联合数组（下标为字符串）。

（1）数字索引数组

数字索引一般表示数组元素在数组中的位置，它由数字组成，下标从 0 开始，然后从 0 开始递增，增量值为 1。当然，也可以指定从某个位置开始保存数组。

数组可以构造成一系列“键-值”（key-value）对。其中，每一对都是数组的一个项目或元素（element）。对于列表中的每个项目，都有一个与之关联的键（key）或索引（index）。数字索引数组如表 4-1-1 所示。

表 4-1-1　数字索引数组

键	值
0	张三
1	李四
2	王五
3	赵六
4	孙七

（2）联合数组

联合数组的下标可以采用字符串的形式。只要数组中有一个下标不是数字，那么这个数组就可被认定为联合数组。

联合数组使用字符串下标来访问存储在数组中的值，如表 4-1-2 所示。

表 4-1-2　联合数组

键	值
ZS	张三
LS	李四
WW	王五
ZL	赵六
SQ	孙七

【实例 2】本实例将创建一个联合数组，代码如下。

```
<?php
        $arr=array(“first”=>1,“second”=>2,“third”=>3);
        print $arr[“second”];
        print $arr[“third”];
?>
```

运行结果如下。

```
23
```

（3）技巧

联合数组的下标可以是任意整数或字符串。如果下标是一个字符串，则不要忘了给这个下标加上定界修饰符——单引号（'）或双引号（"）。

4．数组的构造

（1）一维数组

数组的元素是变量或者常量且只保存一列内容，称为一维数组。在上述案例中，采用的均是一维数组。

（2）二维数组

若数组的元素是一维数组，则该数组为二维数组。

【实例 3】本实例将创建一个二维数组，代码如下。

```
<?php
$football=array(
“球队”=>array(“阿根廷”,“法国”,“巴西”),
“球星”=>array(“b”=>“梅西”,“c”=>“C罗”),
```

```
"位置"=>array("前锋", 8=> "后卫","门将"));   //声明数组
var_dump($football);                          //输出数组元素
?>
```

运行结果如下。

```
Array(
    [球队]=>Array(
            [0]=>阿根廷
            [1]=>法国
            [2]=>巴西)
    [球星]=>Array(
            [b]=>梅西
            [c]=>C罗)
    [位置]=>Array(
            [0]=>前锋
            [8]=>后卫
            [9]=>门将)
)
```

实例 3 的代码实现了一个二维数组，请读者仔细观察数组下标的定义及其最后的显示。按照同样的思路，可以创建更高维度的数组，如三维数组、四维数组。创建数组的维度越高，对代码的理解与推演的能力也就越高。

任务实施

1. 使用多种方式创建数组

第 1 步：新建 init_array.php 页面，代码如下。

```
<?php
    //创建数组
    $shucai=array('juanxincai'=>'黄色',
                  'niurou'=>'红色',
                  'chengzi'=>'橙色');
    var_dump($shucai);
    print '<br><br>';
    //使用简短数组句法
```

```
        $shucai=array('juanxincai'=>'黄色', 'niurou'=>'红色',
'chengzi'=>'橙色');
        $wucan=array(1=>'馄饨',2=>'水饺',3=>'肉夹馍');
       $jisuanji=array('cpu'=>'core i5','neicun'=> 'ADATA',
'zhuban'=>'ASUS');
        var_dump($wucan);
        print '<br><br>';
        //一个个添加元素
        $shucai['juanxincai']='黄色';
        $shucai['niurou']='红色';
        $shucai['chengzi']='橙色';

        $wucan[1]='馄饨';
        $wucan[2]='水饺';
        $wucan[3]='肉夹馍';

        $jisuanji['core']='core i5';
        $jisuanji['neicun']='ADATA';
        $jisuanji['zhuban']='ASUS';
        var_dump($jisuanji);
    ?>
```

第 2 步： 运行 init_array.php 页面，运行结果如图 4-1-1 所示。

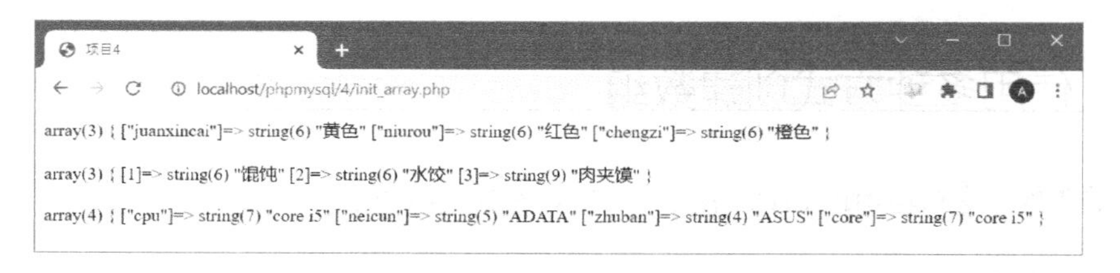

图 4-1-1　运行结果（1）

2. 创建常规的数值为下标的数组

第 1 步： 新建 init_array_normal.php 页面，代码如下。

```
    <?php
    //创建常规数值数组
```

```
$wucan=array('馄饨','水饺','肉夹馍');

//访问数组
print "我想要$wucan[0]和$wucan[1]。";
?>
```

⌛ **第 2 步：** 运行 init_array_normal.php 页面，运行结果如图 4-1-2 所示。

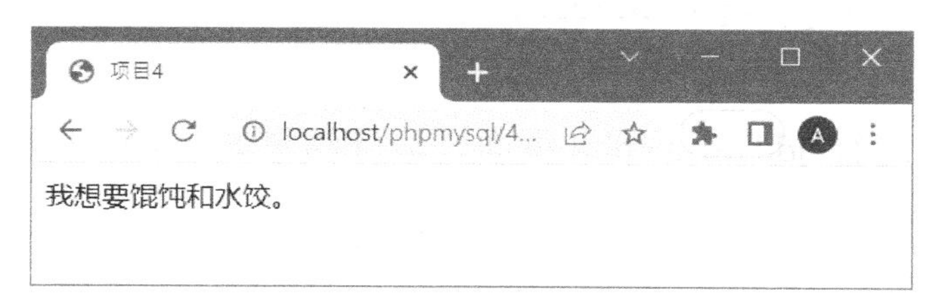

图 4-1-2　运行结果（2）

3. 评委打分后，找出第 6 位评委的分数

⌛ **第 1 步：** 新建 six.php 页面，代码如下。

```
<?php
        $scores=array(18,62,68,82,65,9,55,33,87);
        print '第6位评委的分数是'.$scores[5];
?>
```

⌛ **第 2 步：** 运行 six.php 页面，运行结果如图 4-1-3 所示。

图 4-1-3　运行结果（3）

4. 添加数组元素

⌛ **第 1 步：** 新建 add_array.php 页面，代码如下。

```
<?php
        //添加元素
```

```
        $wancan[]='馄饨';
        $wancan[]='水饺';

        $wancan=array('馄饨','水饺','肉夹馍');
        $wancan[]='米饭';

        var_dump($wancan);
?>
```

第 2 步： 运行 add_array.php 页面，运行结果如图 4-1-4 所示。

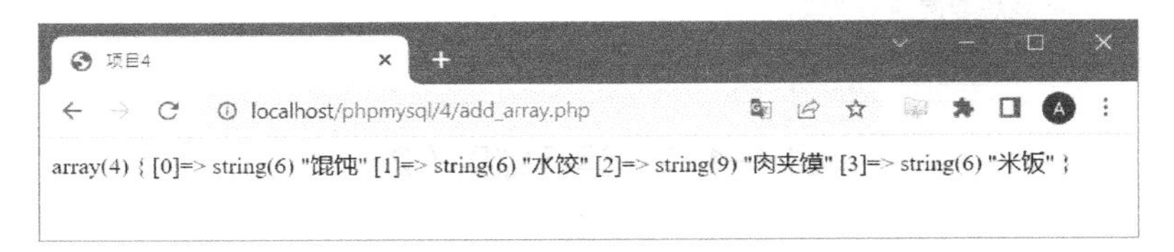

图 4-1-4　运行结果（4）

任务 2

遍历数组

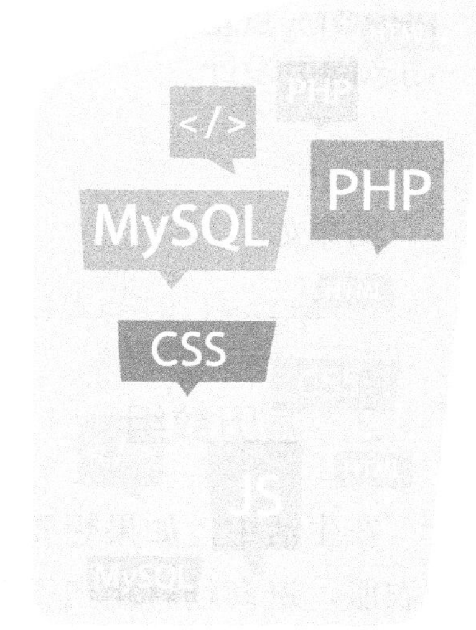

任务分析

掌握如何输出数组、遍历数组的方法，熟悉如何统计数组中元素的个数。

知识准备

1. 输出数组

对数组及其元素进行输出的方法有很多种，常用的有 print()函数、var_dump()函数等，print()函数能对数组中的某一元素进行输出。var_dump()函数可将数组整体结构进行输出，适用于代码调试。针对不同的应用场景，可以选择不同的输出方式，语法格式如下。

```
var_dump(参数)
```

如果该函数的参数为字符型、数值型或对应的变量，则输出该变量本身。如果该参数为数组，则按下标升序依次显示下标和变量元素的对应关系。

【实例 1】下面通过一个简单的实例来讲解应用 var_dump()函数输出数组的方法，代码如下。

```
<?php
    $xuexiao=array("上","学","了");
    var_dump($xuexiao);
```

```
?>
```

结果如下。

```
Array([0]=>上[1]=>学[2]=>了
```

2. 遍历数组

在生活中，如果想要去商场买一件衣服，就需要逛商场，看是否有合适的衣服，逛商场就相当于遍历数组。遍历数组的方法有很多，下面介绍使用 foreach 循环语句遍历数组。

foreach 循环语句和之前学过的 for 循环语句很像，但写法相对简单，下面通过实例进行讲解。

【实例 2】对于一个存有大量姓名的数组变量$names，如果应用 print 语句一个一个地输出，会相当烦琐，而通过 foreach 循环语句遍历数组则可轻松地获取数据信息，代码如下。

```
<?php
        $names=array（‘张三’，‘李四’，‘王五’，‘赵六’）;//声明数组
        foreach( $names as $name){                   //遍历数组
            print $name;
        }
?>
```

结果如下。

```
张三李四王五赵六
```

在上面的代码中，PHP 语言为$names 的每个元素依次执行循环体一次，将$names 赋值给当前元素的值。各元素按数组内部顺序进行处理。

3. 统计数组元素个数

对于数组中的元素个数进行统计可以使用 count()函数，语法格式如下。

```
int count ( 数组 [, 模式])
```

count()函数的参数说明如表 4-2-1 所示。

表 4-2-1　count()函数的参数说明

参数	说明
数组	必要参数。输入的数组
模式	可选参数。若为 1，本函数将递归地对数组计数。对计算多维数组的所有单元务必使用该参数。默认值为 0

例如，使用 count()函数统计数组中元素的个数，代码如下。

```
<?php
        $names = array("张三","李四","王五","赵六");
        print count($names); //统计数组中元素的个数，输出结果为4
?>
```

任务实施

1. 使用 foreach 循环语句遍历数组

第 1 步： 新建 foreach.php 页面，代码如下。

```
<?php
        $fenshu=array(18,62,68,82,65,9,55,33,87);
        foreach($fenshu as $key=>$value){
            print "评委";
            print intval($key)+1;
            print '的分数是';
            print $value;
            print '<br>';
        }
?>
```

第 2 步： 运行 foreach.php 页面，运行结果如图 4-2-1 所示。

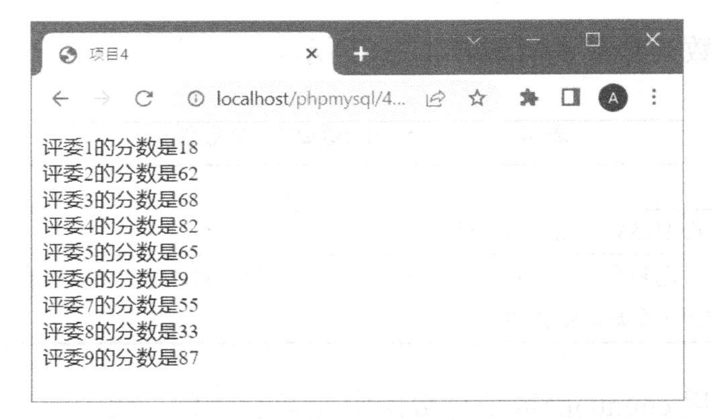

图 4-2-1　运行结果（1）

2. 使用 foreach 循环语句，找出哪位评委打了 65 分

第 1 步： 新建 find.php 页面，代码如下。

```
<?php
$fenshu=array(18,62,68,82,65,9,55,33,87);
foreach($fenshu as $key=>$value){
        if($value ==65){
            print '第';
            print intval($key)+1;
            print '位评委的分数为65分';
            continue;
        }
}
?>
```

第 2 步： 运行 find.php 页面，运行结果如图 4-2-2 所示。

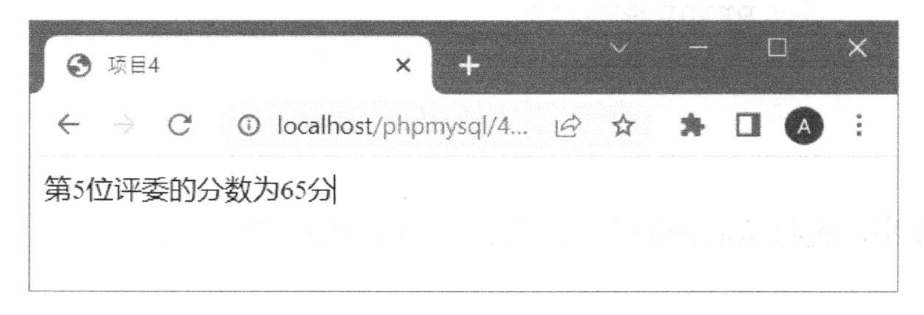

图 4-2-2　运行结果（2）

3. 使用 for 循环语句将数组元素倒置

第 1 步： 新建 reverse.php 页面，代码如下。

```
<?php
        // 创建一个长度是5的数组，并进行填充。
        // 使用for循环语句或者while循环语句，对这个数组实现反转效果
        $wucan =array('馄饨','水饺','米饭','面条','肉夹馍');
        $len=count($wucan);
        for($i=0;$i<$len/2;$i++){
            $tmp=$wucan[$i];
            $wucan[$i]=$wucan[$len-1-$i];
            $wucan[$len-1-$i]=$tmp;
        }
        for($i=0;$i<$len;$i++){
            print $wucan[$i];
            print '<br>';
        }
?>
```

第 2 步： 运行 reverse.php 页面，运行结果如图 4-2-3 所示。

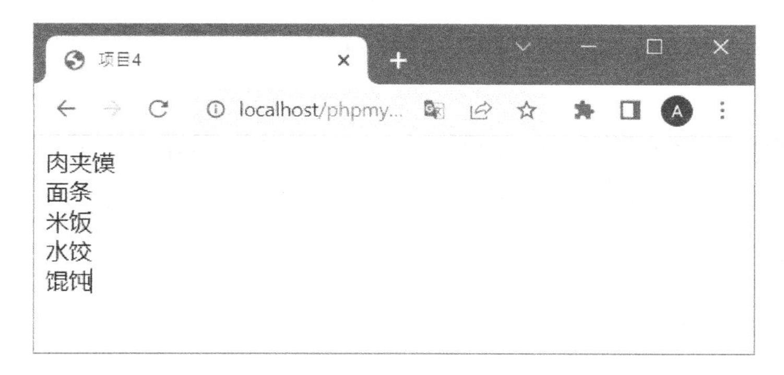

图 4-2-3 运行结果（3）

4. 按照比赛规则，去掉一个最高分与最低分，求选手得到的平均分

第 1 步： 新建 average.php 页面，代码如下。

```
<?php
        // 去除一个最高分与最低分，并算出选手最终的得分
        $fenshu=array(18,62,68,82,65,9,55,33,87);
        $zuidi=$fenshu[0];
        $zuidi_num=1;
        $zuigao=$fenshu[0];
        $zuigao_num=1;
        $zonghe=0;
        foreach($fenshu as $key=>$value){
            if($zuidi>$value){
                $zuidi=$value;
                $zuidi_num=intval($key)+1;
            }
            if($zuigao<$value){
                $zuigao=$value;
                $zuigao_num=intval($key)+1;
            }
            $zonghe+=$value;
        }
        $ave=($zonghe-$zuigao-$zuidi)/(count ($fenshu)-2);
        print '平均分为:'.$ave;
?>
```

第 2 步： 运行 average.php 页面，运行结果如图 4-2-4 所示。

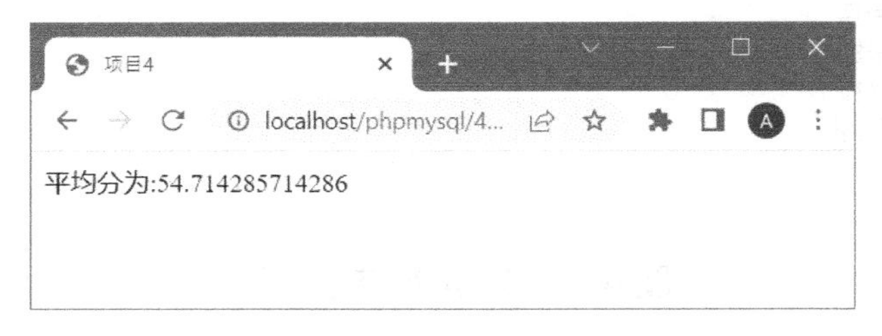

图 4-2-4　运行结果（4）

任务 3

操作数组

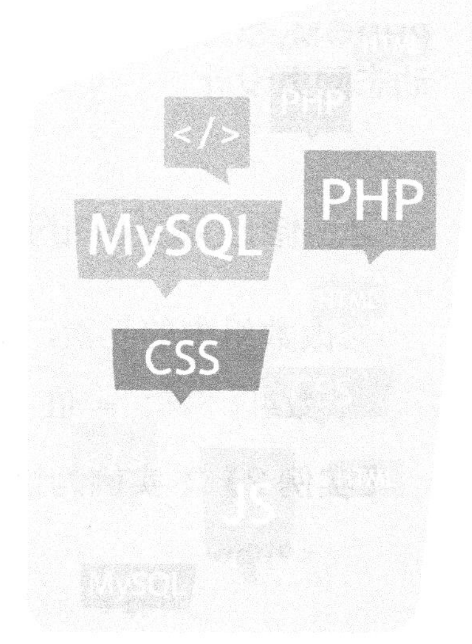

任务分析

掌握如何删除数组中重复元素、如何获取数组中的最后一个元素。

知识准备

1. 向数组中添加元素

向数组中添加元素，语法格式如下。

```
数组[下标] = 值 或 数组[]=值
```

【实例 1】本实例向数组中添加元素，代码如下。

```
<?php
    $arr=array("张三","李四");                    //定义数组
    $arr[2] = '王五';
    $arr[] = '赵六';
    var_dump($arr);                                //输出数组结果
?>
```

运行结果如下。

```
Array([0]=>张三[1]=>李四[2]=>王五[3]=>赵六)
```

2. 修改数组中的元素

修改数组中的元素，语法格式如下。

```
数组[下标] = 值
```

【实例 2】 本实例为修改数组中的元素，代码如下。

```
<?php
        $arr=array( “张三”，” 李四” );                    //定义数组
        $arr[1] = ‘王五’;
        var_dump($arr);                                   //输出数组结果
?>
```

运行结果如下。

```
Array([0]=>张三[1]=>王五)
```

任务实施

1. 修改数组中的元素

第 1 步： 新建 edit_array.php 页面，代码如下。

```
<?php
        $wucan=array('面条','馄饨','米饭');
        print "我想要$wucan[0]和$wucan[1]。";
        print "<br>";
        $wucan[0]='水饺';
        print "我改变主意了，我想要$wucan[0]和$wucan[1]。";
?>
```

第 2 步： 运行 edit_array.php 页面，运行结果如图 4-3-1 所示。

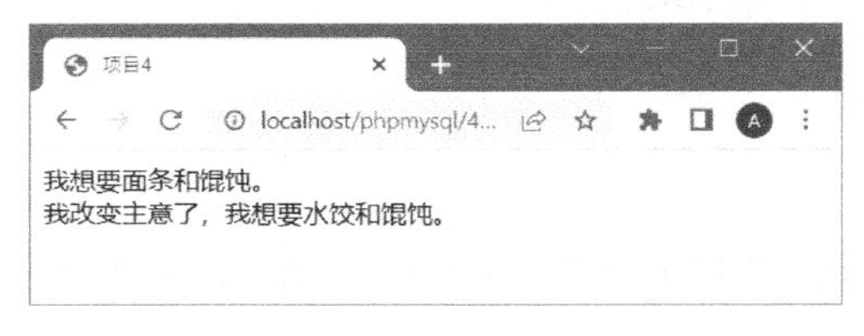

图 4-3-1　运行结果（1）

第 3 步： 新建 edot_array.php 页面，代码如下。

```
<?php
        $fenshu=array(18,62,68,82,65,9,55,33,87);
        $fenshu[0]=76;
        print '第1位评委的分数是：'.$fenshu[0];
?>
```

第 4 步： 运行 edot_array.php 页面，运行结果如图 4-3-2 所示。

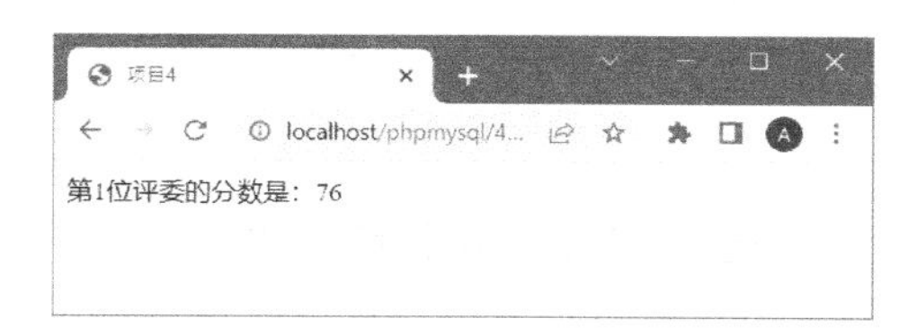

图 4-3-2　运行结果（2）

2. 利用循环与修改，批量重置计分器分数为 0

第 1 步： 新建 init.php 页面，代码如下。

```
<?php
        $scores=array(18,62,68,82,65,9,55,33,87);
        $len=count($scores);
        for($i=0;$i<$len;$i++){
            $scores[$i]=0;
        }
        print '计分器初始化完成';
        print '<br>';
        foreach($scores as $key=>$value){
            print "评委";
            print intval($key)+1;
            print '的分数是'.$value;
            print '<br>';
        }
?>
```

⏳ **第 2 步：** 运行 init.php 页面，运行结果如图 4-3-3 所示。

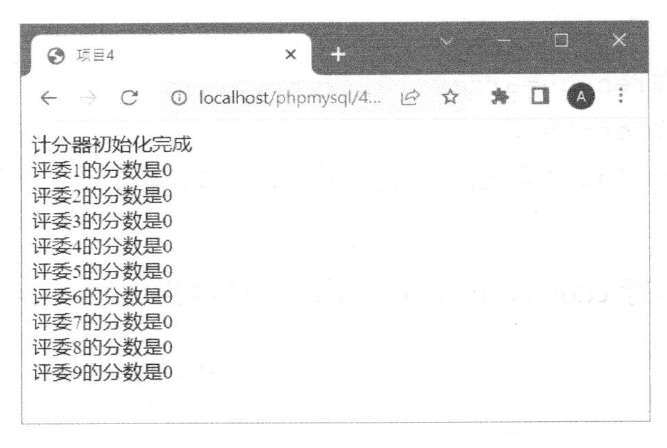

图 4-3-3　运行结果（3）

思考与实训

1．评委对 7 位选手进行打分，分数分别为 70、53、58、29、30、77、28，求第几位评委给选手打了 77 分。

2．依据上一题中的分数，实现以下功能：将 7 位评委的打分统一清零，并在页面上显示 7 位评委的分数，并提示“分数初始化完成”。

3．对 5 位学生的成绩建立一维数组，分数分别为 90、92、95、85、83，求最高分与最低分，并显示在页面中。

项目 5

PHP 用户交互

本项目包含：

任务 1　获取表单数据

任务 2　表单提交方法

任务 1

获取表单数据

任务分析

了解 Web 提交表单数据的原理与方法，掌握使用 PHP 语言获取表单数据的方法。

知识准备

1. 在 Web 中使用 PHP 语言

在 Web 中使用 PHP 语言的方法同前面的项目一样，需要在 HTML 代码中添加<?php?>标签，在<?php?>标签内的代码会被认为是 PHP 语言，采用 PHP 解释器进行解释，<?php?>标签外的代码会被认定为是 HTML，由浏览器解释。值得注意的是，<?php?>标签在一个 HTML 可以被多次使用，且共享同一个作用域，代码如下。

```
<?php
$xingming= "张三";
?>
<input type= "text" name= "xingming" value= "<? php print
$xingming; ?>" >
```

从上面的代码中可以看出，首先为变量 $name 赋予一个初值，然后将变

量 $name 的值赋给文本域。

2. 获取表单数据

获取表单元素是动态网页的基础功能，也是实现表单功能的重要途径，要了解使用 PHP 语言获取表单数据的方法，需要知道 HTML 的数据提交方法。在传统的 Web 时代，数据提交方法主要为两种，分别为 GET 方法与 POST 方法。在 HTML5 时代，逐渐对提交方式进行优化与细化，新增 PUT 与 DELETE 两种方法，提交行为更加规范。

（1）获取文本域（文本框、密码域、隐藏域、下拉菜单）的值

表单数据根据其内容的不同，其获取的方法和获取后的结果也有所不同，但对于绝大多数的表单，需要将表单基本要素填写完成，以便使用 PHP 语言进行数据的获取，这个内容即为表单标签的 name 属性，PHP 语言可以根据 name 属性来获取对应的 value 属性值。另外，name 属性尽量不要重复，避免数据获取错误或者获取不到想要的数据。

```
<input type=”text” name=”xuexiao” value=”浙江省电子学校”>
```

（2）获取单选按钮的值

多个单选按钮的 name 属性往往是相同的，表示这些按钮只能有一个可以被选中。

（3）获取复选框的值

多个复选框可以表示同一类的数据。例如，name 属性可以采用数组形式。在线填报志愿中需要同时选取多个学校等，就会用到复选框，语法格式如下。

```
<input type=”checkbox” name=”xuexiao[ ]” value=”xuexiao1”>
```

任务实施

1. 使用 PHP 语言获取表单页面数据

第 1 步： 新建 single.php 页面，代码如下。

```
<form method="post" action="single_result.php">
        <input type="text" name="xingming"/>
        <select name="xingbie">
            <option value="男">男</option>
            <option value="女">女</option>
        </select>
        <input type="submit" value="提交"/>
</form>
```

第 2 步： 新建 single_result.php 页面，代码如下。

```
<?php
        $xingming=$_POST['xingming'];
        $xingbie=$_POST['xingbie'];
        print '姓名：'.$xingming;
        print '<br>';
        print '性别：'.$xingbie;
?>
```

第 3 步： 运行 single.php 页面并填入数据，运行结果如图 5-1-1 所示。

图 5-1-1　运行结果（1）

第 4 步： 单击“提交”按钮，运行结果如图 5-1-2 所示。

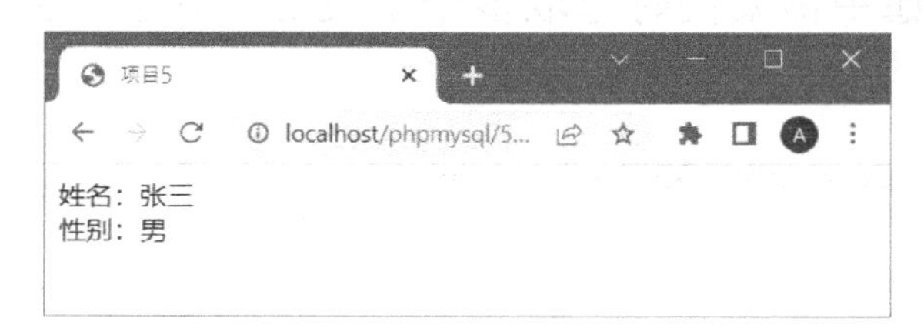

图 5-1-2　运行结果（2）

2. 使用单个控件获取多条数据

第 1 步： 新建 muti.php 页面，代码如下。

```
<body>
        <form method="post" action="muti.php">
            <input type="text" name="xingming" />
            <select name="aihao[]" multiple= "multiple">
                <option value="音乐">音乐</option>
                <option value="跳舞">跳舞</option>
                <option value="电影">电影</option>
                <option value="篮球">篮球</option>
            </select>
            <input type="submit" value="提交" />
        </form>

        <?php
            $xingming=$_POST['xingming'];
            print '姓名：'.$xingming;
            print '<br>';
            print '爱好:';
            print '<br>';
            if(isset($_POST['aihao'])){
                foreach($_POST['aihao'] as $item){
                    print $item.'<br>';
                }
            }
        ?>
</body>
```

第 2 步： 运行 muti.php 页面，并输入姓名，选择爱好，运行结果如图 5-1-3 所示。

图 5-1-3　运行结果（3）

⌛ **第 3 步：** 单击“提交”按钮，运行结果如图 5-1-4 所示。

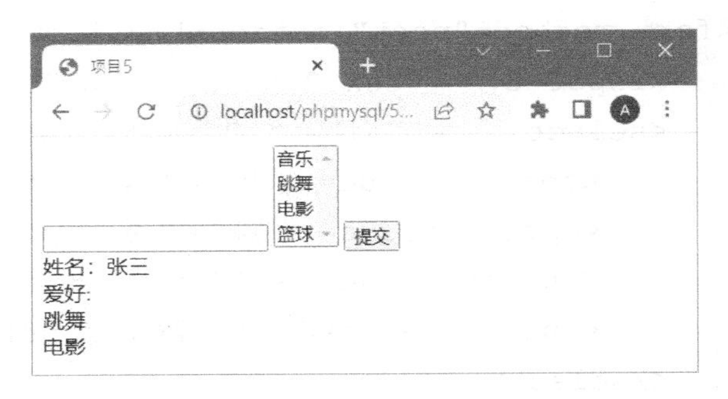

图 5-1-4　运行结果（4）

任务 2

表单提交方法

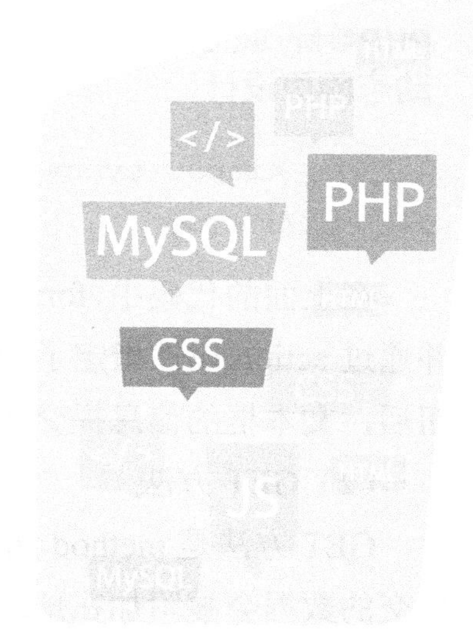

任务分析

掌握 PHP 语言与 Web 表单的综合应用。

知识准备

1. 获取表单数据的方法

在上一个任务提到过，HTML5 对于提交数据的方法进行了补全，但在传统的 PHP 语言中，获取数据的方法仍然停留在 POST 方法与 GET 方法，下面着重介绍这两种方法的区别及使用场景。

（1）POST 方法

<form>标签中最重要的两个属性分别为 method 与 action，它们决定了数据怎样提交，以及提交到哪里。如果在 method 属性中选择使用 POST 方法，所有数据会在后台传输，用户在使用浏览器时看不到这个过程，安全性较高且适合数据量较大的传输，如填写注册信息、登录信息、提交材料等场景。

【实例 1】下面的实例将使用 POST 方法发送文本框信息到服务器，代码如下。

```
<form method=”post” action=”jieguo.php”>
  姓名：<input type=”text” name=”xingming”>
```

```
    <input type="submit" value="提交">
  </form>
```

在上面的代码中，form表单的method属性指定了POST方法的传递方式，并通过action属性指定了数据处理页为jieguo.php。因此，当单击“提交”按钮后，文本框的信息提交到了服务器。

（2）GET方法

GET方法是method属性的默认提交方法。如果使用这种方法提交数据，提交的数据会被附加在地址栏（URL）中，在URL地址栏将会显示“URL+用户传递的参数”，读者可以尝试在百度中搜索一些关键字，然后分析地址栏中的地址。可以看到，搜索的关键字会出现在地址栏中。

GET方法的语法格式如下。

```
http://URL?参数1{name1=value1&参数2{name2=value2……
```

其中，URL为表单响应地址（如localhost/jieguo.php），name为表单中某个元素的名称，value为表单中某个元素的值。url和参数之间用“?”隔开，当存在多个参数时，参数之间用“&”隔开。

【实例2】下面创建一个表单，使用GET方法提交用户名和密码，并显示在URL地址栏中。添加一个文本框，命名为xingming；添加一个密码域，命名为mima；将表单的method属性设置为GET方法，代码如下。

```
<form name =" form1" action=" index.php" method=" get" >
   用户名;<input name=" xingming" type=" text" >
   密码：<input name=" mima" type=" password' >
        <input type=" submit" value=" 提交" >
</form>
```

运行本实例，在文本框中输入用户名和密码，单击“提交”按钮，文本框内的信息就会显示在URL地址栏中。

可以看到，使用GET方法提交用户名与密码并不安全，会泄露信息。因此，按照HTML的规范，建议在查询场景下使用GET方法传递参数，而需要提交保密数据的场景建议使用POST、PUT等方法。

2. PHP 参数传递的常用方法

常用的 PHP 参数传递方法有两种：$_POST、$_GET，用于获取表单元素。

（1）$_POST 方法

使用$_POST 方法获取通过 POST 方法提交的表单元素的值，语法格式如下。

```
$_POST[ 'name' ]
```

【实例 3】 建立一个表单，设置 method 属性为 POST，添加一个文本域，name 命名为 xuexiao，获取表单元素的代码如下。

```
<?php
    $xuexiao = $_POST[ 'xuexiao' ]
?>
```

（2）$_GET 方法

使用$_GET 方法获取通过 GET 方法提交的表单元素的值，语法格式如下。

```
$_GET[ 'name' ]
```

这样就可以直接使用名字为 name 的表单元素的值了。

建立一个表单 form，设置 method 属性为 GET 或者不设置（默认为 GET），添加一个文本域，命名为 xuexiao，获取表单元素，代码如下。

```
<?php
    $xuexiao = $_GET[ 'xuexiao' ]
?>
```

注意： 不论是$_GET 还是$_POST，获取的表单元素名称（name）是区分大小写的。如果在编写程序时疏忽了这一点，那么程序运行时将获取不到表单元素的值或出现错误提示信息。

任务实施

编写一个做基本运算的程序，提供两个文本框用于输入操作，再提供一个 select 菜单用于选择运算

第 1 步： 新建 jisuan.php 页面，采用提交至本页的方案，代码如下。

```
<body>
        <form method="post" action="jisuan.php">
            <input type="number" name="val1" />
            <select name="ysf">
                <option value="+">加</option>
                <option value="-">减</option>
                <option value="*">乘</option>
                <option value="/">除</option>
            </select>
            <input type="number" name="val2" />
            <input type="submit" value="计算" />
        </form>

        <?php
        if(isset($_POST['val1']) && isset($_POST ['val2'])){
            $val1=intval($_POST['val1']);
            $val2=intval($_POST['val2']);
            $ysf=$_POST['ysf'];

            $jieguo=0;
            if($ysf=='+'){
                $jieguo=$val1+$val2;
            }elseif($ysf=='-'){
                $jieguo=$val1-$val2;
            }elseif($ysf=='*'){
                $jieguo=$val1*$val2;
            }else{
                $jieguo=$val1/$val2;
            }
            print '结果为:'.strval($jieguo);
        }
        ?>
</body>
```

⏳ **第 2 步：** 运行 jisuan.php 页面，输入需要运算的值，运行结果如图 5-2-1 所示。

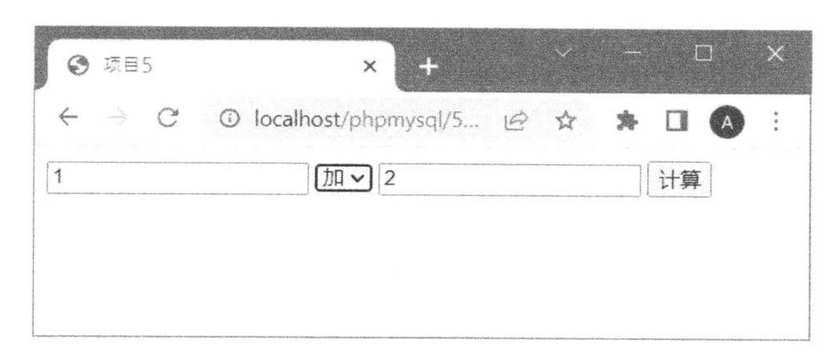

图 5-2-1　运行结果（1）

⏳ **第 3 步：** 选择加法运算符，单击“计算”按钮，运行结果如图 5-2-2 所示。

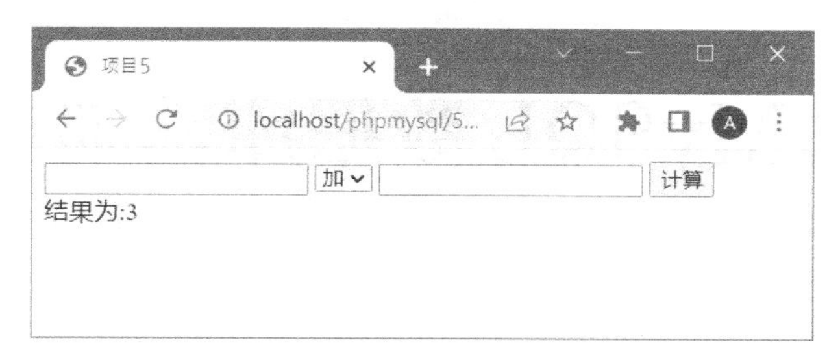

图 5-2-2　运行结果（2）

思考与实训

1. 新建两个页面，完成表单提交功能，在第一个页面中创建表单，包含用户名、密码、年龄、职业，单击“提交”按钮后，将数据提交至第 2 个页面，显示提交的信息，并提示“提交成功！”。

2. 判断正误：POST 请求后在浏览器的 URL 地址栏中可见提交内容，一般适用于非敏感数据的提交。（　　）

项目 6

MySQL 数据库基础

本项目包含：

任务 1　创建与管理数据库

任务 2　创建与维护数据表

任务 3　数据操作与查询

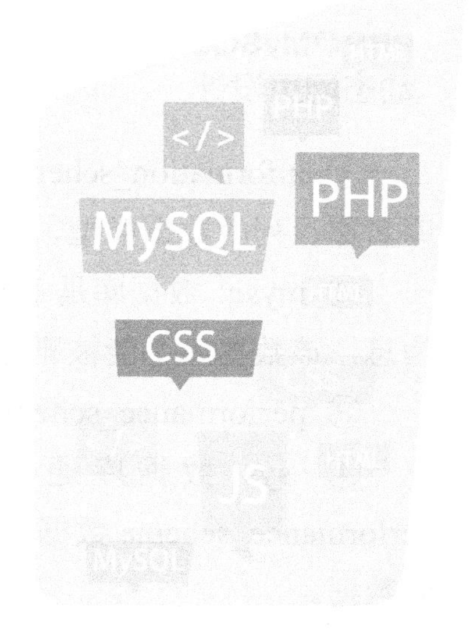

任务 1

创建与管理数据库

任务分析

学习基于数据库软件的开发，掌握如何应用数据库软件并熟练使用是十分重要的，本任务使用的数据库软件为 MySQL 5.7，通过使用 Navicat 图形化管理工具对 MySQL 数据库进行创建与管理。

知识准备

1. MySQL 默认数据库

MySQL 默认数据库如图 6-1-1 所示，可以看出，共包含 4 个数据库，分别是 information_schema 数据库、mysql 数据库、performance_schema 数据库和 sys 数据库。

```
mysql> show databases;
+--------------------+
| Database           |
+--------------------+
| information_schema |
| mysql              |
| performance_schema |
| sys                |
+--------------------+
4 rows in set (0.00 sec)
```

图 6-1-1　MySQL 默认数据库

① information_schema 数据库提供了访问数据库元数据的方式，如数据库名称、列的数据类型、访问权限等。

② mysql 数据库是 MySQL 的核心库，用于存储数据库的用户、权限等信息，该数据库不能被删除，如果删除，就需要重装 MySQL。

③ performance_schema 数据库用于收集数据库的服务器性能参数。

④ sys 数据库通过视图的形式把 information_schema 数据库和 performance_schema 数据库结合起来，使查询更加容易，能更快地了解系统的元数据。

2. 创建数据库语法格式

```
CREATE DATABASE [IF NOT EXISTS] <数据库名>;
```

以上语法格式中，“CREATE DATABASE”是创建标识关键字，“IF NO EXISTS”是可选项，表示当数据库不存在时创建数据库。

3. 删除数据库语法格式

```
DROP DATABASE [IF EXISTS] <数据库名>;
```

以上语法格式中，“DROP DATABASE”是删除标识关键字，“IF EXISTS”是可选项，在删除数据库前进行判断，如果指定的数据库不存在，则删除失败。

任务实施

1. 创建数据库

第 1 步： 打开 Navicat，单击“连接”按钮，在弹出的“连接”下拉菜单中选择“MySQL”选项，如图 6-1-2 所示。

第 2 步： 弹出“新建连接（MySQL）”对话框，如图 6-1-3 所示，填写连接名、用户名、密码等，单击“确定”按钮，也可以先进行连接测试，测试成功后再单击“确定”按钮。

图 6-1-2 “MySQL”选项

新建连接 (MySQL)
常规 高级 数据库 SSL SSH HTTP
Navicat 数据库
连接名: test
主机: localhost
端口: 3306
用户名: root
密码: ●●●●●●●●●
保存密码
测试连接 确定 取消

图 6-1-3 “新建连接（MySQL）”对话框

⌛ **第 3 步：** 双击左侧的“test”文件夹选项，依次单击“查询”→“新建查询”按钮，如图 6-1-4 所示。

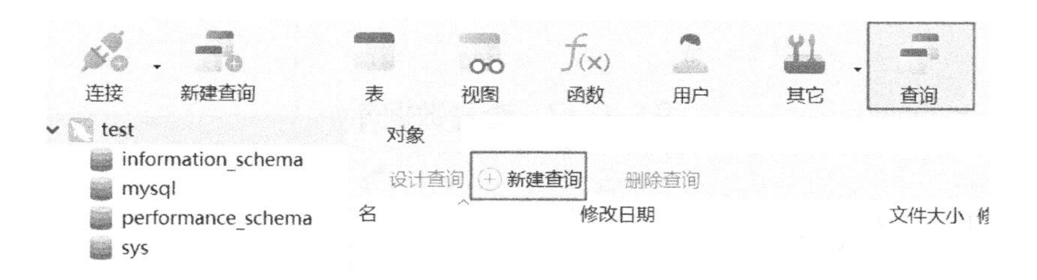

图 6-1-4 “新建查询”按钮

第 4 步： 创建 ksgl 数据库，在查询编辑器中输入如下代码。创建数据库命令，如图 6-1-5 所示。

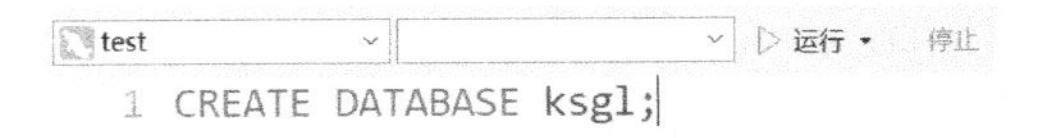

图 6-1-5　创建数据库命令

第 5 步： 单击“运行”按钮，在下面的信息栏中可以看到运行结果，如图 6-1-6 所示。

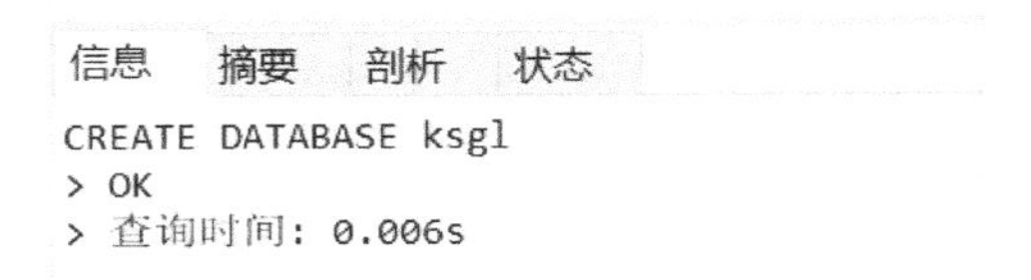

图 6-1-6　运行结果

第 6 步： ksgl 数据库创建好之后，可以使用“show databases”命令查看数据库，如图 6-1-7 所示，可以看到新增了 ksgl 数据库。

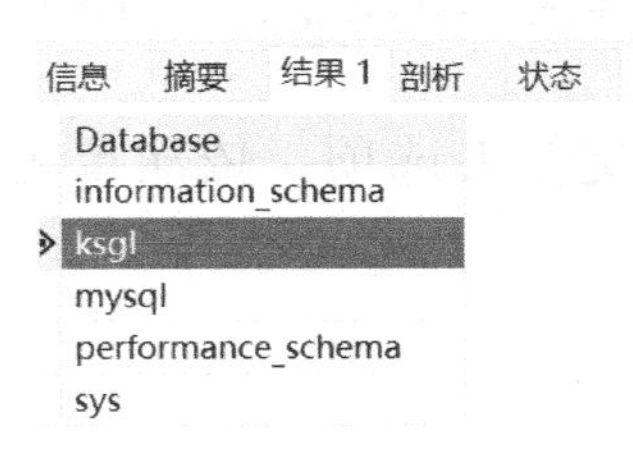

图 6-1-7　查看数据库

2. 删除数据库

第 1 步： 打开 Navicat，打开一个连接，新建查询，输入“DROP

DATABASE ksgl”；单击“运行”按钮，删除 ksgl 数据库，如图 6-1-8 所示。

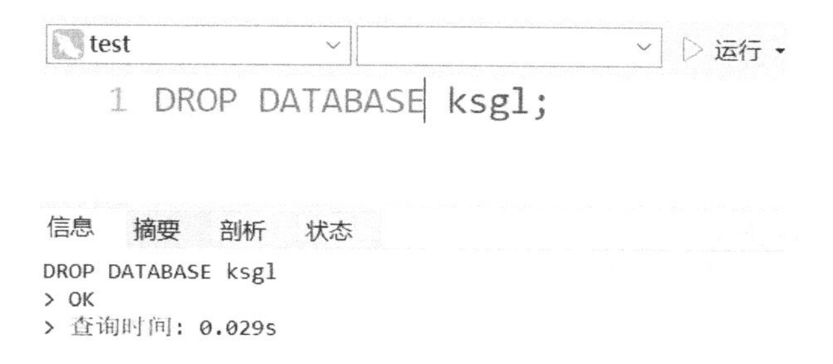

图 6-1-8　删除 ksgl 数据库

⌛ **第 2 步：** 在左侧的连接中可以看到，ksgl 数据库已被删除，如图 6-1-9 所示。

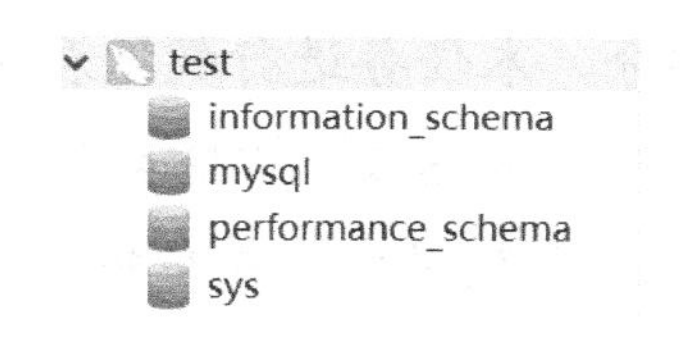

图 6-1-9　ksgl 数据库已被删除

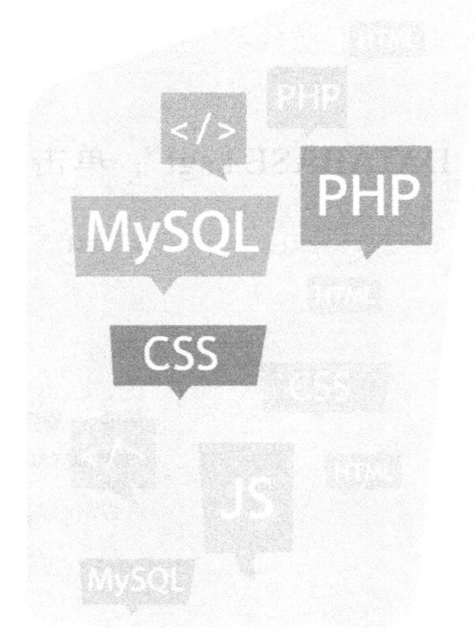

任务 2

创建与维护数据表

任务分析

数据表是数据库的一部分，本任务进行数据表的基本操作，主要内容包括创建数据表、查看表结构、修改数据表、删除数据表。注意，在创建数据表之前，应先使用 USE 语句选择一个数据库，并在指定的数据库中创建数据表。

知识准备

1. 创建数据表语法格式

```
CREATE TABLE <表名>
(
        <列名1> <数据类型1> [列级约束条件] [默认值],
        [, …]
        <列名n> <数据类型n> [列级约束条件] [默认值]
        [表级约束条件]
);
```

2. 查看表结构

通过查看表结构，确认表的定义是否正确，查看表结构的语法格式如下。

```
DESCRIBE 表名;
```

或简写如下。

```
DESC 表名;
```

3. 修改数据表

通过 ALTER TABLE 语句来修改数据表的结构，常用于在已有的表中添加、修改或删除列。

添加列的基本语法格式如下。

```
ALTER  TABLE  <表名>
ADD  <列名>  <数据类型>
```

删除列的基本语法格式如下。

```
ALTER  TABLE  <表名>
DROP  COLUMN <列名>
```

修改列的数据类型的基本语法格式如下。

```
ALTER  TABLE  <表名>
MODIFY  COLUMN  <列名>  <数据类型>
```

4. 删除数据表

使用 DROP TABLE 语句进行数据表的删除，语法格式如下。

```
DROP TABLE [IF EXISTS] <表1> [，表2，…，表n ]
```

其中，表 1，表 2，…，表 *n* 表示数据表的名称。可以同时删除多个表，各数据表的名称之间用逗号隔开即可。

任务实施

1. 创建数据表

第 1 步： 打开 Navicat，新建查询。创建 xsgl 数据库，再选择创建的数据库，如图 6-2-1 所示。

图 6-2-1　选择创建的数据库

⏳ **第 2 步：**设计一个学生表，命名为 tb_stu，tb_stu 数据表的结构如表 6-2-1 所示。

表 6-2-1　tb_stu 数据表的结构

字段名称	数据类型	字段意义
sid	INT(11)	学号
sname	VARCHAR(20)	姓名
sage	INT(11)	年龄

⏳ **第 3 步：**在查询中输入 SQL 语句，创建数据表，然后选中用于创建表的语句，单击“运行已选择的”按钮，如图 6-2-2 所示。

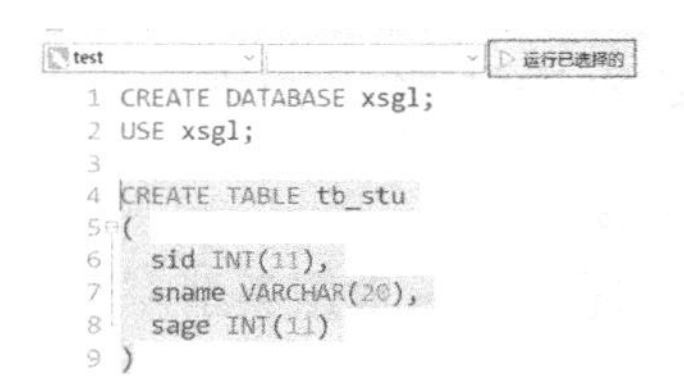

图 6-2-2　创建数据表

⏳ **第 4 步：**右击左侧的“test”文件夹选项，选择“刷新”选项，如图 6-2-3 所示。依次展开“xsgl”数据库→“表”选项，通过查看数据表可以看到，tb_stu 数据表已经创建成功，如图 6-2-4 所示。

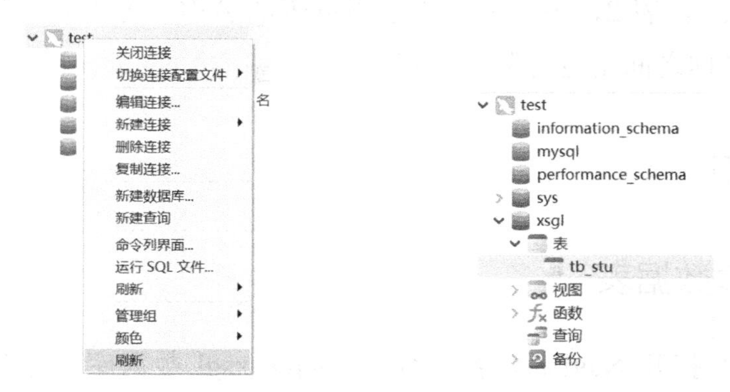

图 6-2-3　“刷新”选项　　　　图 6-2-4　查看数据表

2. 查看表结构

⌛ **第 1 步：** 打开 Navicat，新建查询，输入“DESC tb_stu”语句。选中该语句，单击“运行已选择的”按钮，如图 6-2-5 所示。

图 6-2-5 “运行已选择的”按钮

⌛ **第 2 步：** 在执行结果中可以看到数据表的结构信息，如图 6-2-6 所示。

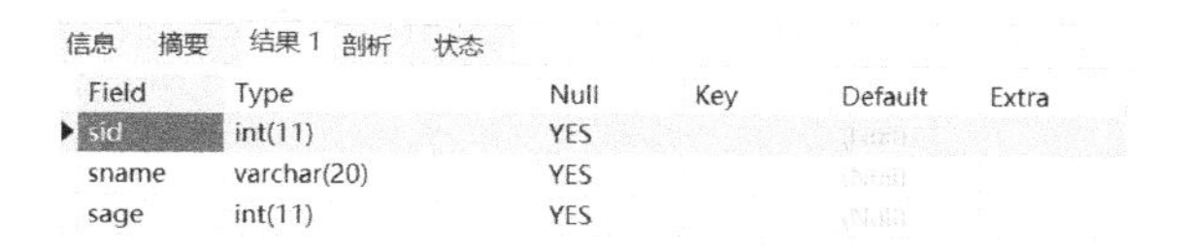

信息 摘要 结果 1 剖析 状态

Field	Type	Null	Key	Default	Extra
sid	int(11)	YES		(Null)	
sname	varchar(20)	YES		(Null)	
sage	int(11)	YES		(Null)	

图 6-2-6 执行结果

3. 修改数据表

⌛ **第 1 步：** 打开 Navicat，新建查询，在 tb_stu 数据表中添加 address 字段，类型为 VARCHAR(255)，输入 SQL 语句并执行，添加列，如图 6-2-7 所示。

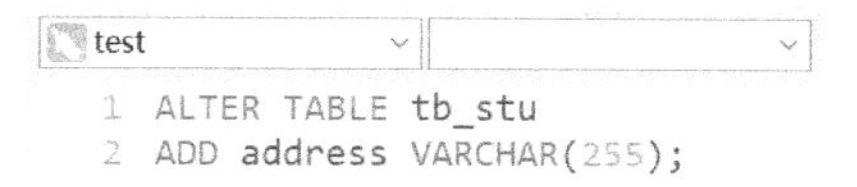

图 6-2-7 添加列

⌛ **第 2 步：** 再次执行“DESC tb_stu”语句，查看数据表的结构，可以看到，tb_stu 数据表中已新增了 address 字段，如图 6-2-8 所示。

```
4 DESC tb_stu;
```

信息 摘要 结果 1 剖析 状态

Field	Type	Null	Key	Default	Extra
sid	int(11)	YES		(Null)	
sname	varchar(20)	YES		(Null)	
sage	int(11)	YES		(Null)	
address	varchar(255)	YES		(Null)	

图 6-2-8 查看数据表的结构（1）

⌛ **第 3 步：** 修改 tb_stu 数据表中的 sname 字段，将类型修改为 VARCHAR(30)，输入 SQL 语句并执行，修改列，如图 6-2-9 所示。

```
6  ALTER TABLE
7  tb_stu MODIFY sname VARCHAR(30);
```

信息　摘要　剖析　状态

```
ALTER TABLE
tb_stu MODIFY sname VARCHAR(30)
> OK
> 查询时间: 0.022s
```

图 6-2-9　修改列

⌛ **第 4 步：** 再次执行"DESC tb_stu"语句，查看 sid 数据表的结构，如图 6-2-10 所示。

信息　摘要　结果 1　剖析　状态

Field	Type	Null	Key	Default	Extra
sid	int(11)	YES		(Null)	
sname	varchar(30)	YES		(Null)	
sage	int(11)	YES		(Null)	
address	varchar(255)	YES		(Null)	

图 6-2-10　查看数据表的结构（2）

⌛ **第 5 步：** 删除 tb_stu 数据表中的 address 字段，输入相应的 SQL 语句并执行，删除列，如图 6-2-11 所示。

```
11  ALTER TABLE tb_stu
12  DROP COLUMN address;
```

信息　摘要　剖析　状态

```
ALTER TABLE tb_stu
DROP COLUMN address
> OK
> 查询时间: 0.083s
```

图 6-2-11　删除列

⌛ **第 6 步：** 再次执行"DESC tb_stu"语句，查看 sid 数据表的结构，如图 6-2-12 所示。

信息　摘要　结果 1　剖析　状态

Field	Type	Null	Key	Default	Extra
sid	int(11)	YES		(Null)	
sname	varchar(30)	YES		(Null)	
sage	int(11)	YES		(Null)	

图 6-2-12　查看数据表的结构（3）

4. 删除数据表

第 1 步： 打开 Navicat，新建查询，选择“xsgl”选项，使用 xsgl 数据库，删除 tb_stu 数据表，输入相应的 SQL 语句并执行，如图 6-2-13 所示。

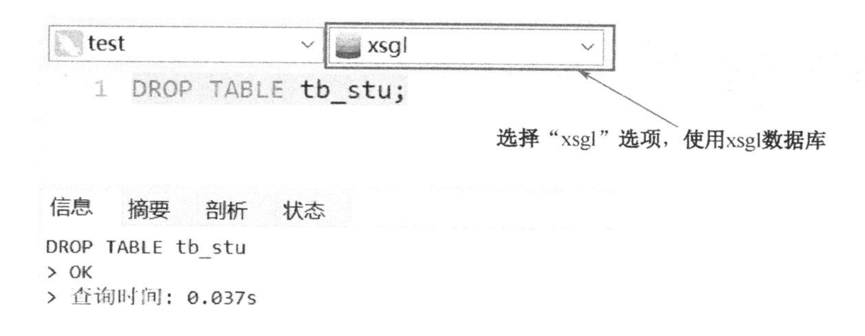

图 6-2-13 删除 tb_stu 数据表

第 2 步： 展开 xsgl 数据库，刷新之后可以看到 xsgl 数据库中的 tb_stu 数据表已被删除，如图 6-2-14 所示。

图 6-2-14 tb_stu 数据表已被删除

任务 3

数据操作与查询

任务分析

本任务讲述数据表中记录的基本操作，主要内容包括插入记录、查询记录、修改记录和删除记录。

知识准备

1. 插入记录

插入记录的语法格式如下。

```
INSERT INTO <表名> [<列名1> [, …<列名n>] ]
VALUES (<值1> [, …<值n>];
```

以上语法格式中，“<表名>”指定被操作数据表的名字，“<列名>”指定需要插入数据的列名，如果要向数据表中的所有列插入数据，则所有列名均可省略，直接使用 INSERT INTO <表名> VALUES(<值 1> [, …<值 *n*>)即可。

注意，在使用 VALUES 子句时，值的顺序与个数要与列的顺序与个数相对应。

2. 查询记录

查询记录的语法格式如下。

```
SELECT
{* | <字段列表>}
[
FROM <表 1>, <表 2> …
[ WHERE <表达式>
[ GROUP BY < group by definition >
[ HAVING < expression > [ { <operator> <expression>} …] ]
[ ORDER BY <order by definition> ]
[ LIMIT [ <offset>, ] <row count> ]
]
```

其中，各子句的含义如下。

① {* | <字段列表>}：*通配符表示查询数据表中所有字段，若使用字段列表形式，则字段列表中至少包含一个字段名称，如果要查询多个字段，多个字段之间用逗号分隔开，最后一个字段不要加逗号。

② FROM <表 1>，<表 2> …：可以查询单个数据表也可以查询多个数据表。

③ WHERE <表达式>：WHERE 子句是可选项，用来限定查询必须满足的条件。

④ GROUP BY<字段>：该子句对查询出来的数据按照指定的字段进行分组。

⑤ [ORDER BY<字段>]：该子句对查询出来的数据进行排序。

⑥ [LIMIT[<offset>，]<row count>]：该子句限定每次查询出来显示的记录条数。

【实例 1】查询 tb_stu 数据表中所有的内容。

```
SELECT * FROM tb_stu;
```

【实例 2】查询 tb_stu 数据表中指定字段，如查询学号及姓名。

```
SELECT sid, sname FROM tb_stu;
```

3. 条件查询

条件查询的语法格式如下。

```
WHERE <查询条件> {<判定运算1>，<判定运算2>，…}
```

判定运算的语法分类如下。

① <表达式 1>{=|<|<=|>|>=|<=>|<>|！=}<表达式 2>。

② <表达式 1>[NOT]LIKE<表达式 2>。

③ <表达式 1>[NOT][REGEXP|RLIKE]<表达式 2>。

④ <表达式 1>[NOT]BETWEEN<表达式 2>AND<表达式 3>。

⑤ <表达式 1>IS[NOT]NULL。

4. 对查询结果进行排序

对查询结果进行排序的语法格式如下。

```
ORDER BY <列名> [ASC|DESC]
```

以上语法格式中，列名可以指定多个，列名之间用逗号分隔；关键字 ASC 表示升序，关键字 DESC 表示降序，若省略关键字，则默认升序。

5. 分组查询

分组查询的语法格式如下。

```
GROUP BY <列名>
```

以上语法格式中，列名用于指定分组的列，可以指定多个列，列间用逗号分隔。注意，GROUP BY 子句中的列必须也是 SELECT 语句的字段列表中的一项。

6. 修改记录

修改记录的语法格式如下。

```
UPDATE <表名> SET 字段1 = 值1 [，字段2 = 值2 … ] [ WHERE <
条件> ]
```

以上语法格式中，SET 子句用于指定数据表中要修改的列名及要更新的字段值，WHERE 子句是可选项，用于限定更新的记录需要满足的条件，如果没有 WHERE 子句，将修改数据表中所有的行。

7. 删除记录

删除记录的语法格式如下。

```
DELETE FROM <表名> [ WHERE <条件> ]
```

以上语法格式中，“DELETE”是删除标识关键字，WHERE 子句为可选项，用于指定删除条件，如果没有 WHERE 子句，将删除数据表中所有的记录。

任务实施

1. 插入记录

第 1 步： 创建一个记录图书信息的 tb_book 数据表，如图 6-3-1 所示。

字段 索引 外键 检查 触发器 选项 注释 SQL 预览

名	类型	长度	小数点	不是 null	虚拟	键
bid	varchar	30		☑	☐	1
bname	varchar	50		☐	☐	
price	decimal	10	2	☐	☐	
author	varchar	20		☐	☐	
publishname	varchar	50		☐	☐	

图 6-3-1 tb_book 数据表

第 2 步： 在 tb_book 数据表中插入一条记录，运行结果如图 6-3-2 所示。

```
1 INSERT INTO tb_book
2 VALUES('001','PHP动态网站开发',39.8,'赵增敏','电子工业出版社');
```

```
信息 摘要 剖析 状态
INSERT INTO tb_book
VALUES('001','PHP动态网站开发',39.8,'赵增敏','电子工业出版社')
> Affected rows: 1
> 查询时间: 0.004s
```

图 6-3-2 运行结果（1）

第 3 步： 展开左边的数据库，双击表名，打开 tb_book 数据表，可以查看记录，如图 6-3-3 所示。

bid	bname	price	author	publishname
▶ 001	PHP动态网站开发	39.80	赵增敏	电子工业出版社

图 6-3-3　查看记录（1）

2. 删除记录

⌛ **第 1 步：** 在删除记录之前，在 tb_book 数据表中添加记录，如图 6-3-4 所示。

bid	bname	price	author	publishname
▶ 001	PHP动态网站开发	39.80	赵增敏	电子工业出版社
002	网页设计与制作	59.00	李利正	电子工业出版社
003	Photoshop图像处理与制作	33.80	韩少云	电子工业出版社

图 6-3-4　添加记录

⌛ **第 2 步：** 使用 DELETE 语句删除编号为 002 的图书信息，运行结果如图 6-3-5 所示。

```
4  DELETE FROM tb_book WHERE bid='002';

信息    摘要    剖析    状态

DELETE FROM tb_book WHERE bid='002'
> Affected rows: 1
> 查询时间: 0.017s
```

图 6-3-5　运行结果（2）

⌛ **第 3 步：** 刷新后，打开 tb_book 数据表查看记录，编号为 002 的图书信息已被删除，如图 6-3-6 所示。

bid	bname	price	author	publishname
▶ 001	PHP动态网站开发	39.80	赵增敏	电子工业出版社
003	Photoshop图像处理与制作	33.80	韩少云	电子工业出版社

图 6-3-6　查看记录（2）

⌛ **第 4 步：** 删除 tb_book 数据表中所有的记录，运行结果如图 6-3-7 所示。

```
6  DELETE FROM tb_book;

信息    摘要    剖析    状态

DELETE FROM tb_book
> Affected rows: 2
> 查询时间: 0.015s
```

图 6-3-7　运行结果（3）

⌛ **第 5 步：** 刷新后，打开 tb_book 数据表查看记录，发现 tb_book 数据表中的记录已被全部清空，如图 6-3-8 所示。

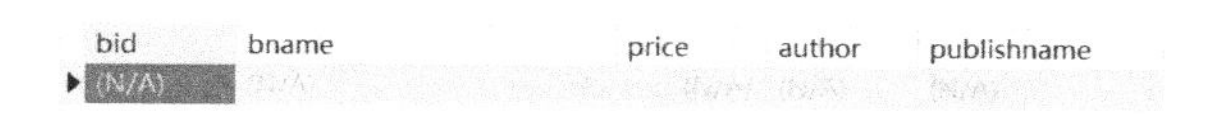

bid	bname	price	author	publishname
(N/A)	(N/A)	(N/A)	(N/A)	(N/A)

图 6-3-8　查看记录（3）

3. 修改记录

⌛ **第 1 步：** 参考图 6-3-4，自行添加若干记录，将编号为 003 的图书价格修改为 29.9，运行结果如图 6-3-9 所示。

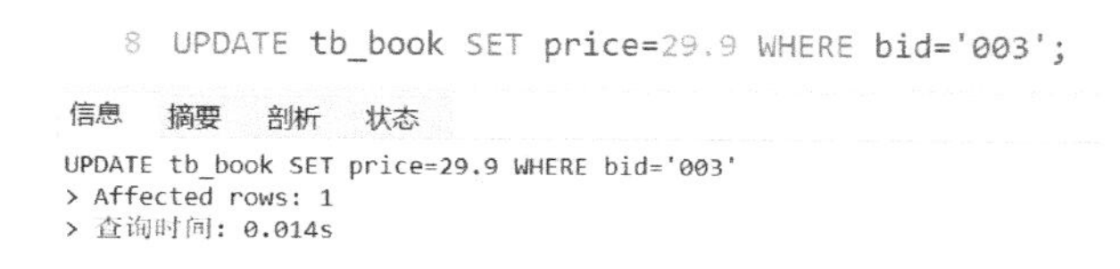

```
8  UPDATE tb_book SET price=29.9 WHERE bid='003';

信息  摘要  剖析  状态

UPDATE tb_book SET price=29.9 WHERE bid='003'
> Affected rows: 1
> 查询时间: 0.014s
```

图 6-3-9　运行结果（4）

⌛ **第 2 步：** 刷新后，打开 tb_book 数据表查看记录，编号为 003 的图书价格已被成功修改，如图 6-3-10 所示。

bid	bname	price	author	publishname
001	PHP动态网站开发	39.80	赵增敏	电子工业出版社
002	网页设计与制作	59.00	李利正	电子工业出版社
003	Photoshop图像处理与制作	29.90	韩少云	电子工业出版社

图 6-3-10　查看记录（4）

4. 查询记录

⌛ **第 1 步：** 自行添加若干记录，查询所有图书信息，运行结果如图 6-3-11 所示。

```
10  SELECT *FROM tb_book;
```

信息　摘要　结果 1　剖析　状态

bid	bname	price	author	publishname
001	PHP动态网站开发	39.80	赵增敏	电子工业出版社
002	网页设计与制作	59.00	李利正	电子工业出版社
003	Photoshop图像处理与制(	29.90	韩少云	电子工业出版社
004	PHP+MySQL Web应用开	57.00	李辉	机械工业出版社
005	PHP+MySQL动态网页设i	41.40	鲁大林	机械工业出版社
006	PHP+数字图像处理	24.83	曹茂永	高等教育出版社
007	Python实用教程	69.30	郑阿奇	电子工业出版社

图 6-3-11　运行结果（5）

⌛ **第 2 步：** 查询书名及作者两列，运行结果如图 6-3-12 所示。

```
12 SELECT  bname,author FROM tb_book;
```

信息　摘要　结果 1　剖析　状态

bname	author
PHP动态网站开发	赵增敏
网页设计与制作	李利正
Photoshop图像处理与制作	韩少云
PHP+MySQL Web应用开	李辉
PHP+MySQL动态网页设计	鲁大林
PHP+数字图像处理	曹茂永
Python实用教程	郑阿奇

图 6-3-12　运行结果（6）

⌛ **第 3 步：** 查询出版社为“电子工业出版社”的所有图书信息，运行结果如图 6-3-13 所示。

```
14 SELECT *FROM tb_book WHERE publishname='电子工业出版社';
```

信息　摘要　结果 1　剖析　状态

bid	bname	price	author	publishname
001	PHP动态网站开发	39.80	赵增敏	电子工业出版社
002	网页设计与制作	59.00	李利正	电子工业出版社
003	Photoshop图像处理与制作	29.90	韩少云	电子工业出版社
007	Python实用教程	69.30	郑阿奇	电子工业出版社

图 6-3-13　运行结果（7）

⌛ **第 4 步：** 查询书名中包含为“MySQL”的所有图书信息，并按照价格升序排列，运行结果如图 6-3-14 所示。

```
16 SELECT *FROM tb_book
17 WHERE bname LIKE '%MySQL%' ORDER BY price ASC;
```

信息　摘要　结果 1　剖析　状态

bid	bname	price	author	publishname
005	PHP+MySQL动态网页设计	41.40	鲁大林	机械工业出版社
004	PHP+MySQL Web应用开	57.00	李辉	机械工业出版社

图 6-3-14　运行结果（8）

⌛ **第 5 步：** 查询价格小于 30 的所有图书信息，运行结果如图 6-3-15 所示。

```
19 SELECT *FROM tb_book WHERE price<30;
```

信息　摘要　结果 1　剖析　状态

bid	bname	price	author	publishname
003	Photoshop图像处理与制作	29.90	韩少云	电子工业出版社
006	PHP+数字图像处理	24.83	曹茂永	高等教育出版社

图 6-3-15　运行结果（9）

思考与实训

1．在 Mysql student_table(id,name,birth,sex)数据表中，插入如下记录。

```
('1001' , ' ' , '2000-01-01' , '男');
('1002' , null , '2000-12-21' , '男');
('1003' , NULL , '2000-05-20' , '男');
('1004' , '张三' , '2000-08-06' , '男');
('1005' , '李四' , '2001-12-01' , '女');
```

执行 select count(name) from student_table 的结果是（　　）

A．5　　B．4

C．3　　D．2

2．在创建完一张数据表后，发现少创建了一列，此时需要修改表结构，应该使用哪条语句进行操作？（　　）

A．MODIFY TABLE　　B．INSERT TABLE

C．ALTER TABLE　　D．UPDATE TABLE

3．新建 employee 数据表作为员工表，包含以下字段，添加若干记录。

列名	类型	注释
id	int	主键
name	varchar	姓名
department	varchar	所属部门
salary	float	薪水

编写一条 SQL 语句，查询每个部门的平均薪水，并按照平均薪水降序排列。

项目 7

MySQL 数据库操作

本项目包含：

任务 1　使用 SELECT 语句查询数据

任务 2　使用 INSERT 语句添加数据

任务 1

使用 SELECT 语句查询数据

任务分析

创建 tb_stu 数据表，数据表的结构可参考项目 6。使用 mysqli 类库中的相关函数对 tb_stu 数据表进行查询，将查询结果显示到页面中。

知识准备

可通过 PHP 语言的 mysqli 类库来操作 MySQL 数据库。这个类库是 PHP 语言中专门针对 MySQL 数据库的扩展接口，下面介绍 mysqli 类库中的常用函数。

1. mysqli_connect()函数

该函数用于连接到 MySQL 数据库，语法格式如下。

```
    mysqli_connect ( 'MySQL服务器地址' , '用户名' , '密码' , '数据库名' )
```

例如，要连接的数据库地址为 localhost，用户名为 root，密码为 123456，要连接的数据库命名为 test，可使用如下语句创建数据库连接，并将数据库连接生成的对象传递给变量$conn。

```
    $conn=mysqli_connect ( 'localhost' , 'root' , '123456' ,
'test' ) ;
```

以上语句中，localhost 表示本地主机，也可写成本地地址，如 127.0.0.1。

2. mysqli_select_db()函数

该函数用于选择数据库，在连接数据库以后，需要选择一个数据库，才能对其中的数据表进行相关操作，语法格式如下。

```
    mysqli_select_db (数据库服务器连接对象, '目标数据库名' )
```

如果在 mysqli_connect()函数中未使用参数来确定需要操作的数据库，则必须选择具体的数据库来进行操作，如果在 mysqli_connect()函数中已传递了相关参数，则可以不使用 mysqli_select_db()函数来选择数据库。

以上语句可修改为以下语句，程序的运行效果完全一样。

```
    $conn=mysqli_connect ( 'localhost' , 'root' , '123456' ,
'test' ) ;
    $conn=mysqli_connect ( 'localhost' , 'root' , '123456' ) ;
    mysqli_select_db ( $conn, 'test' ) ;
```

3. mysqli_query()函数

该函数用于执行 SQL 语句，语法格式如下。

```
    mysqli_query (数据库服务器连接对象, SQL语句) ;
```

以上语法格式中，可将 SQL 语句赋值给一个变量，如$sql="SELECT *FROM users"，该函数执行完 SQL 语句后会返回一个结果集，可将其赋值给变量$relust。

4. mysqli_num_rows()函数

该函数用于获取查询结果中包含的记录条数，如$rownum=mysqli_num_

rows($relust)，该语句获取了$relust 结果集中的记录条数，并将其赋值给变量$rownum。

5. mysqli_fetch_assoc()函数

该函数用于从结果集中获取一行信息，并以关联数组的形式返回。例如，使用$row=mysqli_fetch_assoc($reslut)语句从$result 结果集中获取一行信息，并赋值给$row，这里的$row 是一个关联数组。因此，在访问数组元素时，数组下标需使用字段名称的形式，如$row['sid']。

6. mysqli_fetch_row()函数

该函数用于从结果集中获取一行信息，并以数字数组的形式返回。因此，在访问数组元素时，数组下标需使用数字的形式，如$row[0]、$row[1]，这里的 0 表示数据表中的第一个字段，1 表示第二个字段。

7. mysqli_free_result()函数

该函数用于释放资源，语法格式如下。

```
mysqli_free_result(执行SQL语句返回的数据库对象);
```

例如，使用 mysqli_free_result($result)语句释放执行 SQL 语句后返回的$result 对象所占用的资源。

8. mysqli_close()函数

该函数用于关闭连接，与 mysqli_connect()函数相对应，在创建一次数据库连接并完成数据库使用之后，需要关闭此连接，mysqli_close()函数的语法格式如下。

```
mysqli_close(数据库连接对象);
```

例如，mysqli_close($conn)语句关闭了$conn 数据库连接对象。

任务实施

第1步：创建 tb_stu 数据表，将 sid 设置为主键，并勾选“自动递增”复选框，如图 7-1-1 所示。

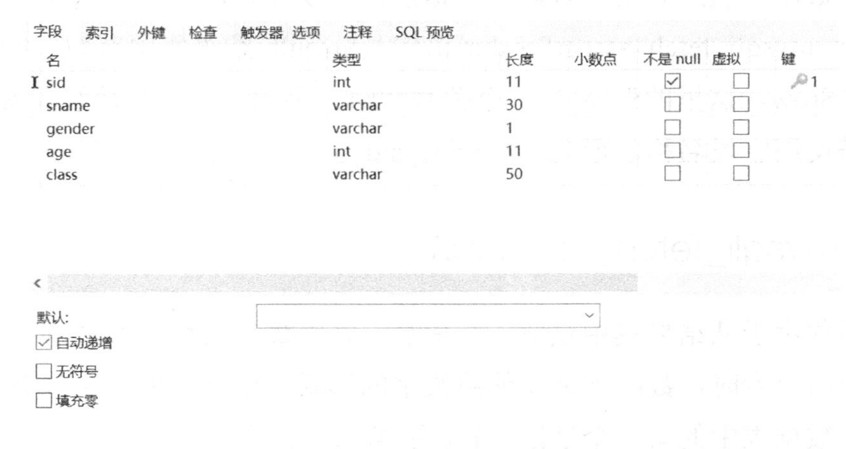

图 7-1-1　创建 tb_stu 数据表

第2步：向 tb_stu 数据表中自行添加若干记录，如图 7-1-2 所示。

sid	sname	gender	age	class
1	周卓浩	男	18	高三计算机1班
2	张顺谷	男	18	高三计算机1班
3	张兵	男	17	高三计算机2班
4	周逸依	女	18	高三计算机2班
5	李璐	女	17	高三计算机3班
6	贺易	男	18	高三计算机3班

图 7-1-2　tb_stu 数据表中的记录

第3步：新建 student_list.php 文件，并输入以下代码。该页面使用 echo 语句，将查询学生信息输出到页面中。

```
<?php
        $conn=mysqli_connect('localhost','root', '12345678');
        mysqli_select_db($conn,'xsgl');
        $sql="SELECT *FROM tb_stu";
        $result=mysqli_query($conn,$sql);
        $totalnum=mysqli_num_rows($result);
```

```
    for($i=0;$i<$totalnum;$i++){
        $row=mysqli_fetch_assoc($result);
        echo "学号：".$row['sid']."<br/>";
        echo "姓名：".$row['sname']."<br/>";
        echo "性别：".$row['gender']."<br/>";
        echo "年龄：".$row['age']."<br/>";
        echo "班级：".$row['class']."<br/>";
    }
    mysqli_free_result($result);
    mysqli_close($conn);
?>
```

第 4 步： 运行 student_list.php 页面，运行结果如图 7-1-3 所示。

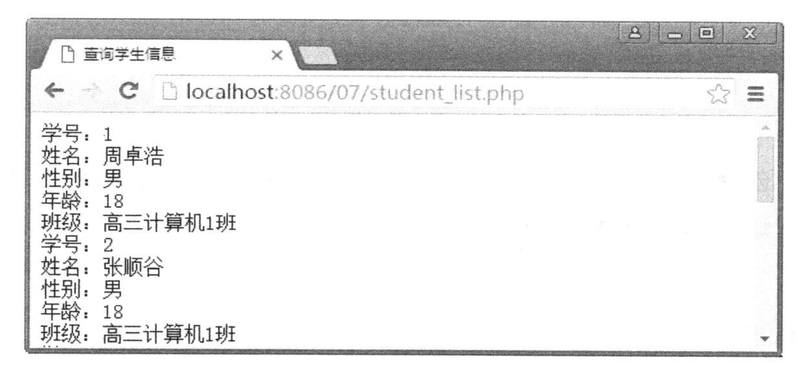

图 7-1-3　运行结果

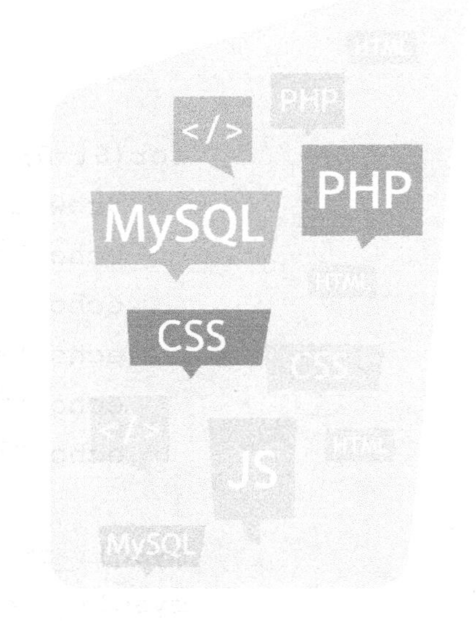

任务 2

使用 INSERT 语句添加数据

任务分析

首先，创建一个表单页面，让用户输入数据，再创建一个处理页面，将用户提交的数据添加到 MySQL 数据库中。

知识准备

本任务在页面中使用了 JavaScript 语言来实现页面的动态效果，JavaScript 语言是一种广泛应用于客户端的脚本语言，用来给 HTML 网页增加动态功能，JavaScript 代码必须书写在<script>...</script>标签之间，并可被放置于<head>...</head>标签或<body>...</body>标签中。下面对本任务使用到的 JavaScript 语句进行说明。

1. alert()函数

该函数用于弹出一个消息对话框，通常用于一些用户的提示信息，如 alert("hello")，将会弹出一个对话框，提示信息为“hello”。

2. window.history 对象

history 是 JavaScript 中 window 下的对象，用于存储浏览器的历史信息，它有 3 个方法，分别为 go()、back()和 forward()，用于控制页面的跳转。其中，go()用于跳转到指定的页面，history.go(-1)表示返回到浏览过的前一个页面，history.go(-2)表示返回到浏览过的前两个页面。在编写页面时，window.history 对象可省略 window 前缀。

3. window.location 对象

window.location 对象用于把浏览器重定向到新的页面。其中，href 属性用于获取当前页面的完整地址（URL），如 windows.location.href ="index.php"。将浏览器重定向到 index.php 页面，window.location 对象在编写时可省略 window 前缀。

任务实施

第 1 步： 为了便于观察，需要清空 tb_stu 数据表中的记录。

第 2 步： 新建 student_add.php 文件，输入以下代码。该页面作用是添加学生信息表单，主要用于编辑学生信息。

```
<h2>添加学生信息</h2>
<form action="student_add_handle.php" method= "post">
性别:
<select name="gender">
        <option value="男">男</option>
        <option value="女">女</option>
</select><br/><br/>
姓名:
<input name="username" type="text"/><br/><br/>
年龄:
<input name="age" type="text"/><br/><br/>
```

```
    班级:
    <input name="class" type="text"/><br/><br/>
    <input name="submit" type="submit" value="添加"/>
    </form>
```

第3步：新建 student_add_handle.php 文件，并输入以下代码。该页面的作用是学生信息处理，接收传递过来的表单数据并写入数据库。

```
    <?php
            $username=$_POST['username'];
            $gender=$_POST['gender'];
            $age=$_POST['age'];
            $class=$_POST['class'];
            if($username==""){
              echo "<script>alert('请输入用户名');history.go(-1);
</script>";
                exit;
            }
            if($age==""){
                echo "<script>alert('请输入年龄');history.go(-1);
</script>";
                exit;
            }
            if($class==""){
                echo "<script>alert('请输入班级');history.go(-1);
</script>";
                exit;
            }
            $conn=mysqli_connect('localhost','root', '12345678');
            mysqli_select_db($conn,'xsgl');
            $sql="INSERT INTO tb_stu(sname, gender,age,class)
VALUES('$username', '$gender', $age,'$class')";
            if(mysqli_query($conn,$sql)){
                    echo "<script>alert('添加成功!'); window.
location.href='student_ list.php';</script>";
```

```
        }else{
                echo "<script>alert('添加失败!'); window.
location.href='studet_add.php';</script>";
        }
        mysqli_close($conn);
    ?>
```

第 4 步：运行 student_add.php 页面，并输入相应的学生信息，运行结果如图 7-2-1 所示。

添加学生信息

localhost:8086/07/student_add.php

添加学生信息

性别： 男

姓名： 张三

年龄： 18

班级： 高三计算机1班

添加

图 7-2-1 运行结果（1）

第 5 步：单击“添加”按钮，提交到 student_add_handle.php 页面，运行结果如图 7-2-2 所示。

图 7-2-2 运行结果（2）

第 6 步： 在 MySQL 中进行验证，输入“select *from tb_stu”进行查询，查询结果如图 7-2-3 所示，查到刚才添加的学生信息，说明数据已添加成功。

信息　摘要　结果 1　剖析　状态

sid	sname	gender	age	class
1	张三	男	18	高三计算机1班

图 7-2-3　查询结果

思考与实训

1．根据注释提示，在空白处填充相应的代码。

```
// 数据库地址
$servername = "127.0.0.1";
// 数据库账号
$username = "lrhhz";
// 数据库密码
$password = "MySql@114514aaaa";
// 数据库名称
$database = 'user_info'
// 创建连接
$conn = mysqli_connect(___(1)___, ___(2)___, ___(3)___,
__(4)___);
// 检测连接并展示错误
if (!$conn) {
    die("连接错误: " .mysqli_connect_error());
}
```

2．在连接数据库的基础上，继续完成下列任务。

```
// 现已建好admin数据表,插入数据
$sql_insert = "___(1)__ INTO admin (username, password)
___(2)__ ('lrhhz', '123456')";
// 检测是否插入成功
if (mysqli_query(___(3)__, ___(4)__)) {
```

```
    echo "新记录插入成功";
} else {
    // 不成功则展示错误信息
    echo "Error: " . $sql. "<br>" . mysqli_error ($conn);
}
```

项目 8

用户登录

本项目包含：

任务 1　数据表设计

任务 2　用户登录代码实现

任务 1

数据表设计

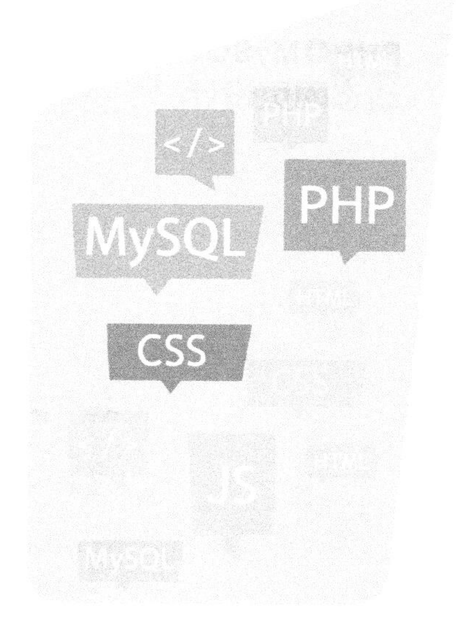

任务分析

首先，创建一个数据库，然后，在该数据库中创建用户表，用于存储用户信息，该用户表至少包含用户名和密码两个字段。

知识准备

tb_users 数据表的结构如表 8-1-1 所示。

表 8-1-1　tb_users 数据表的结构

字段名称	数据类型	字段意义	备注
username	VARCHAR(20)	用户名	主键
password	VARCHAR(32)	密码	非空

任务实施

第 1 步： 创建 test_db 数据库，创建 tb_users 数据表，代码及运行结果如图 8-1-1 所示。

第 2 步： 使用 DESC 语句查看表结构，代码及运行结果如图 8-1-2 所示。

```
1  CREATE DATABASE test_db;
2  USE test_db;
3  CREATE TABLE tb_users
4  (
5      username VARCHAR(20) PRIMARY KEY,
6      password VARCHAR(32) NOT NULL
7  )
8
```

信息 摘要 剖析 状态

```
CREATE DATABASE test_db
> OK
> 查询时间: 0.001s


USE test_db
> OK
> 查询时间: 0s


CREATE TABLE tb_users
(
        username VARCHAR(20) PRIMARY KEY,
        password VARCHAR(32) NOT NULL
)
> OK
> 查询时间: 0.537s
```

图 8-1-1　代码及运行结果（1）

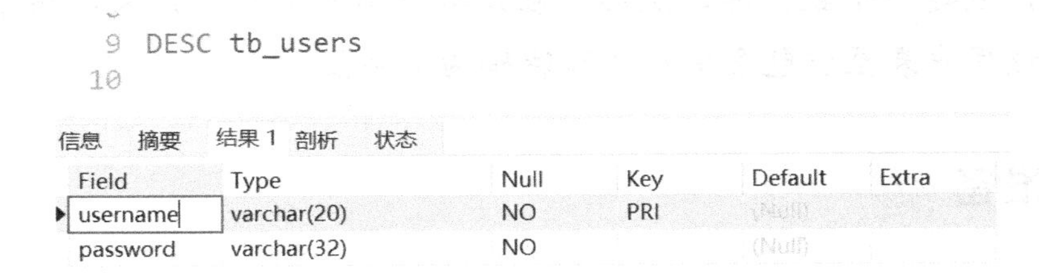

```
9  DESC tb_users
10
```

信息 摘要 结果 1 剖析 状态

Field	Type	Null	Key	Default	Extra
username	varchar(20)	NO	PRI	(Null)	
password	varchar(32)	NO		(Null)	

图 8-1-2　代码及运行结果（2）

⌛ **第 3 步：**在 tb_users 数据表中添加记录，如图 8-1-3 所示。

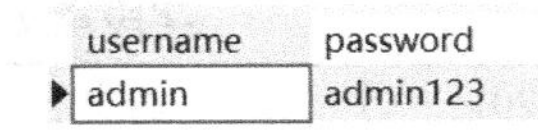

username	password
admin	admin123

图 8-1-3　添加记录

任务 2

用户登录代码实现

任务分析

本任务进行登录表单页面（login.php）的设计，使用简单的 DIV+CSS 进行布局，表单提交给 loginyz.php 页面进行处理；loginyz.php 页面将接收用户输入的账号、密码，并在数据库中查询是否存在该账号、密码对应的记录，若存在则登录成功，否则登录失败；最后，在 login.php 页面中保留一个“注册”超链接，链接到 zhuce.php 页面，该页面将在下一个项目中讲解。

知识准备

完成该任务所需知识在之前的项目中已进行了讲解。

任务实施

第 1 步： 新建 index.php 页面，设计表单，包含两个文本框、一个“登录”按钮，以及一个“注册”超链接，表单提交到 loginyz.php 页面，提交方法为 POST，代码如下。

```
<form action="loginyz.php" method="post">
        <div class="container" style="font-size: 17px">
```

```
                <h1>用户登录</h1>
                <p>
                  用户名:<input type="text" name="una" id="una"
placeholder="请输入用户名">
                </p>
                <p>
                  密 码:<input type="password" name="pwd"
id="pwd" placeholder="请输入密码" >
                </p>
                <p>
                  <button type="submit" value="登录"/>登录</button>
                  <span><a href="zhuce.php">注册</a><span>
                </p>
                </div>
      </form>
```

第 2 步： 在<head>中为页面添加 CSS 代码，代码如下。

```
      <style type="text/css">
            body{
               background-image:url("bj.jpg");
            }
            .container{
               width: 380px;
               height: 330px;
               margin: 0 auto;
               margin-top: 150px;
            }
            span{
               margin-left: 140px;
            }
      </style>
```

第 3 步： 新建 loginyz.php 页面，对用户登录进行验证，使用 mysqli 类库对 tb_users 数据表进行查询，匹配用户输入的账号、密码信息，若匹配成功，则输出登录成功，否则输出登录失败，代码如下。

```
<?php
        $una=$_POST['una'];
        $pass=$_POST['pwd'];
        if($una==''){
            echo "<script>alert('用户名未输入，请输入用户名');
history.go(-1);</script>";
            exit;
        }
        if($pass==''){
            echo "<script>alert('密码未输入，请输入密码');
history.go(-1);</script>";
            exit;
        }
        $conn=mysqli_connect('localhost','root', 'ysykrl80');
        mysqli_select_db($conn,'test_db');
        $sql="select *from tb_users where username='$una and
password='$pass'";
        $res=mysqli_query($conn,$sql);
        if(!$res){
            echo "数据库查询错误：".mysqli_error($conn);
            exit;
        }else{
            if(mysqli_num_rows($res)!=0){
                echo "欢迎".$una.",登录成功!";
            }else{
            echo "登录失败";
            }
        }
        mysqli_free_result($res);
        mysqli_close($conn);
?>
```

⌛ **第 4 步：** 新建 zhuce.php 页面，输出“注册界面”即可（下一个项目将详细实现），代码如下。

```
<p>注册界面</p>
```

第 5 步： 运行 login.php 页面，并在表单中输入用户名 admin，密码 admin123，如图 8-2-1 所示。

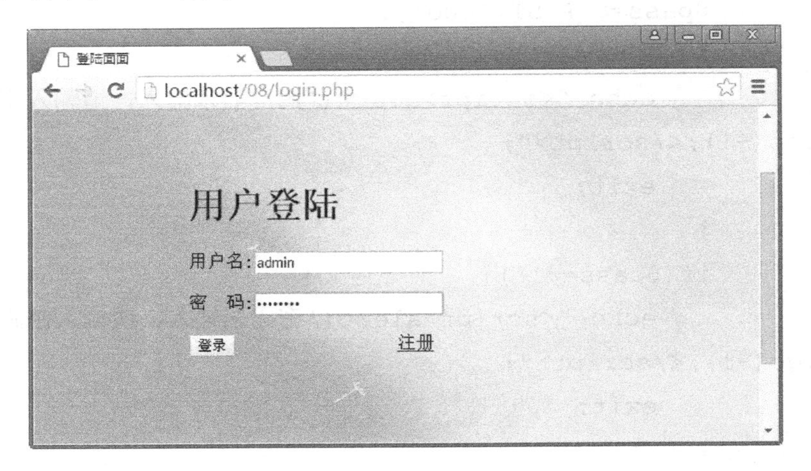

图 8-2-1　login.php 页面

第 6 步： 单击“登录”按钮，运行结果如图 8-2-2 所示。

图 8-2-2　运行结果（1）

第 7 步： 返回 login.php 页面，输入错误的账号密码，然后单击“登录”按钮，运行结果如图 8-2-3 所示。

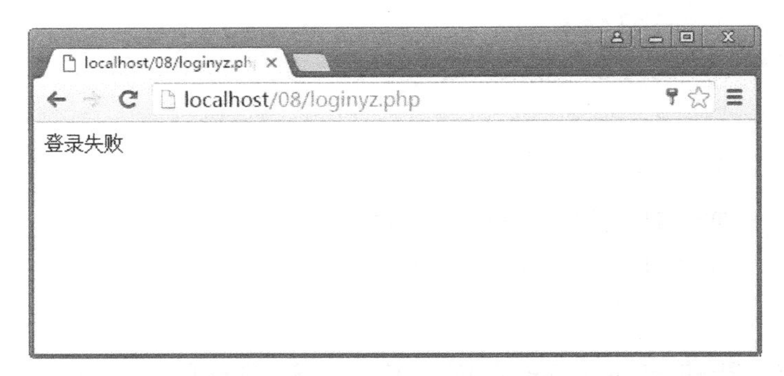

图 8-2-3　运行结果（2）

⌛ **第8步：** 返回login.php页面，单击“注册”超链接，运行结果如图8-2-4所示。

图8-2-4 运行结果（3）

思考与实训

1．下列哪个函数可以使用PHP语言连接MySQL数据库？（　　）

A．mysqli_connect()　　B．mysqli_query()

C．mysqli_num_rows()　　D．以上都不对

2．使用PHP语言连接MySQL数据库后，可以采用哪个函数循环得到指定表中的记录？（　　）

A．mysqli_fetch_row()　　B．mysqli_select_db()

C．mysqli_free_result()　　D．mysqli_connect

3．使用PHP语言编写一个登录页面，要求输入正确的学号和密码之后能够成功地跳转到登录成功的页面，并在该页面中显示“欢迎***同学”(“***”指代学生的姓名)。

项目 9

用户注册

本项目包含：

任务 1　数据表设计

任务 2　用户注册代码实现

任务 1

数据表设计

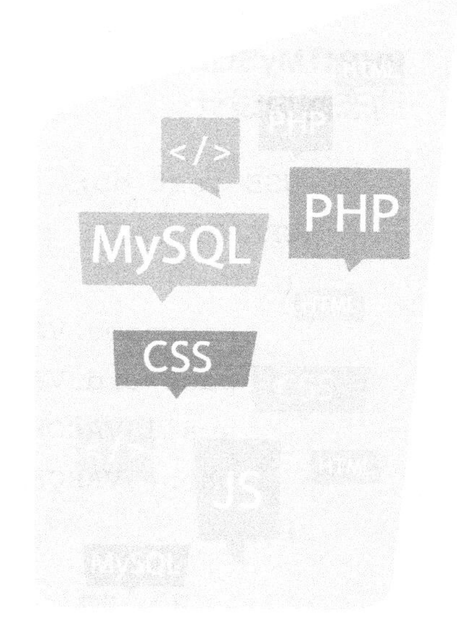

任务分析

创建一个 tb_users 数据表，包含用户名、密码、电子邮箱、手机号 4 个字段，用于存储用户信息。

知识准备

tb_users 数据表的结构如表 9-1-1 所示。

表 9-1-1　tb_users 数据表的结构

字段名称	数据类型	字段意义	备注
username	VARCHAR(20)	用户名	主键
password	VARCHAR(32)	密码	非空
email	VARCHAR(50)	电子邮箱	非空
phone	VARCHAR(11)	手机号	非空

任务实施

第 1 步： 在 test_db 数据库中创建 tb_users 数据表作为用户表，代码及运行结果如图 9-1-1 所示。

```
USE test_db;
CREATE TABLE tb_users
(
    username VARCHAR(20) PRIMARY KEY,
    password VARCHAR(32) NOT NULL,
    email VARCHAR(50) NOT NULL,
    phone VARCHAR(11) NOT NULL
)
```

```
信息  摘要  剖析  状态

CREATE TABLE tb_users
(
        username VARCHAR(20) PRIMARY KEY,
        password VARCHAR(32) NOT NULL,
        email VARCHAR(50) NOT NULL,
        phone VARCHAR(11) NOT NULL
)
> OK
> 查询时间: 0.035s
```

图 9-1-1　创建 tb_users 数据表

⏳ **第 2 步:** 双击 tb_users 数据表，查看 tb_users 数据表记录。此时，tb_users 数据表中尚未有任何记录，如图 9-1-2 所示。

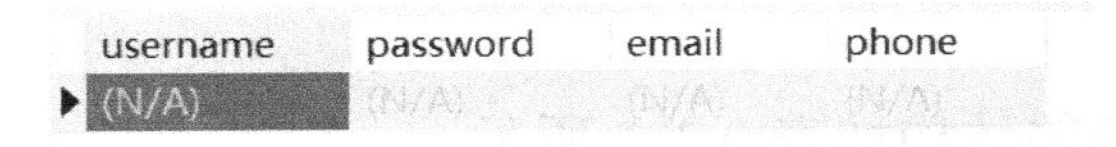

username	password	email	phone
(N/A)	(N/A)	(N/A)	(N/A)

图 9-1-2　查看 tb_users 数据表记录

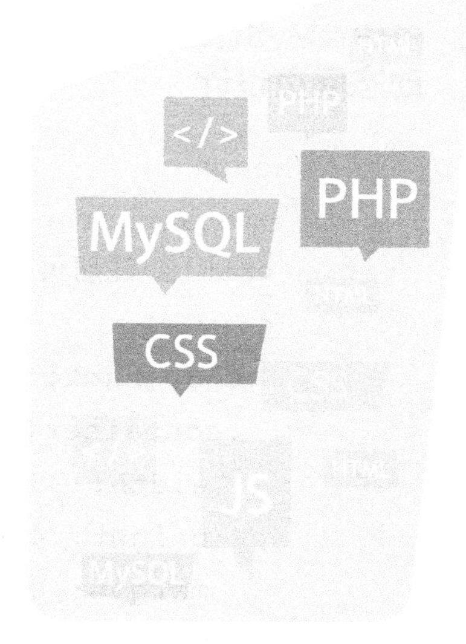

任务 2

用户注册代码实现

任务分析

本任务进行注册表单页面（zhuce.php）的设计，用户在表单页面中输入用户信息，单击“注册”按钮后，数据提交给 zhuceyz.php 页面进行处理。首先，验证账号、密码等所有信息是否输入完整，并验证两次密码输入是否一致，然后，将用户数据保存到数据库中。最后使用用户注册后的账号、密码进行登录测试。

知识准备

完成该任务所需知识在之前的项目中已进行了讲解。

任务实施

第 1 步：新建 zhuce.php 页面，该页面是用户注册的表单页面，包含 4 个文本输入框和一个“注册”按钮，以及一个“注册”超链接，表单提交到 loginyz.php 页面，zhuce.php 页面完整代码如下。

```
<!doctype html>
<html>
```

```
    <head>
      <meta charset="utf-8">
      <title>注册页面</title>
      <style>
        body{background-image: url("bj.jpg");}
        .container{
          width: 380px;
          height: 400px;
          margin: 0 auto;
          margin-top: 200px;
        }
      </style>
    </head>
    <body>
    <form action="zhuceyz.php" method="post">
      <div class="container">
      <h2>用户注册</h2>
      <p>用 户 名: <input type="text" name="una" id="una"></p>
      <p>密    码: <input type="password" name="pwd" id="pwd">
</p>
      <p>确认密码: <input type="password" name="pwdconfirm" id=
"pwdconfirm"></p>
      <p>电子邮箱: <input type="text" name="email" id=
"email"></p>
      <p>手 机 号: <input type="text" name="phone" id=
"phone"></p>
      <p><button type="submit" value="注册" >立即注册</button>
</p>
      </div>
    </form>
    </body>
    </html>
```

第 2 步: 新建 zhuceyz.php 页面，对用户提交的信息进行验证，包括是否输入完整，两次密码是否输入一致，验证通过后将这些用户信息存储到数据库中，并给出“注册成功”的提示，在该页面中还需要提供一个“登录”超链接，用于链接登录页面，代码如下。

```
    <?php
        $una=$_POST['una'];
        $pwd=$_POST['pwd'];
        $pwdconf=$_POST['pwdconfirm'];
        $email=$_POST['email'];
        $phone=$_POST['phone'];

        if($una==''){
            echo "<script>alert('未输入用户名，请输入用户名');
history.go(-1);</script>";
            exit;
        }
        if($pwd==''){
            echo "<script>alert('未输入密码，请输入密码');
history.go(-1);</script>";
            exit;
        }
        if($pwdconf!=$pwd){
            echo "<script>alert('两次密码不一致，请重新输入');
history.go(-1);</script>";
            exit;
        }
        if($email==''){
            echo "<script>alert('请输入邮箱地址'); history.go(-1);
</script>";
            exit;
        }
        if($phone==''){
            echo "<script>alert('请输入手机号'); history.go(-1);
</script>";
            exit;
        }
```

```
        $conn=mysqli_connect('localhost','root', 'ysykrl80',
'test_db');
        $sql="insert into tb_users values('$una','$pwd',
'$email','$phone')";
        $res=mysqli_query($conn,$sql) or exit("DB Query Failure
</br>");
        if($res==1){
            echo "注册成功</br>";
            echo "<a href='login.php'>登录</a>";
        }else{
            exit("注册失败</br>");
        }
    ?>
```

⌛ **第 3 步：** 将项目 8 中的 login.php 和 loginyz.php 页面复制到当前站点中。

⌛ **第 4 步：** 运行 zhuce.php 页面，或先运行 login.php 页面，然后单击“立即注册”按钮进行跳转；在浏览器中输入用户信息，运行结果如图 9-2-1 所示。

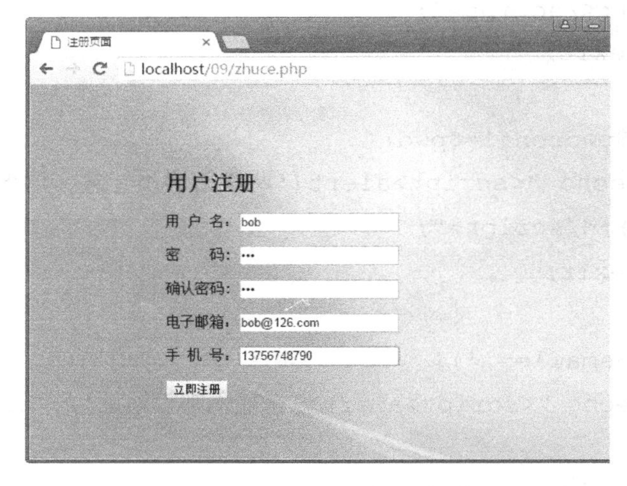

图 9-2-1　运行结果（1）

⌛ **第 5 步：** 单击“立即注册”按钮，将提交到 zhuceyz.php 页面，若填写的信息不符合要求，或两次输入的密码不一致，则会给出提示，要求重新输入，运行结果如图 9-2-2 所示。

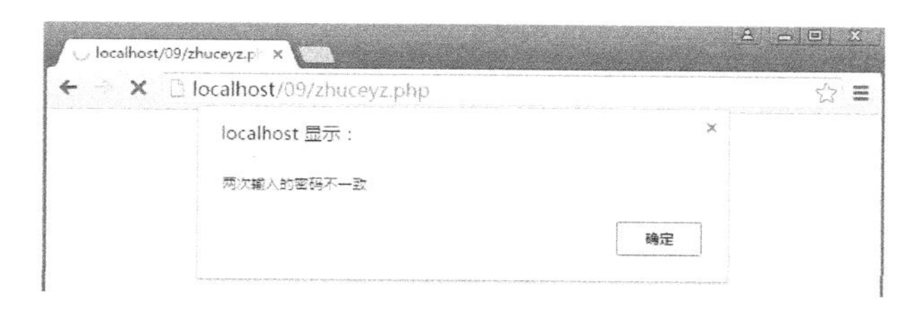

图 9-2-2　运行结果（2）

⌛ **第 6 步：** 若信息验证通过，则将数据保存到数据库里，出现“注册成功”提示，运行结果如图 9-2-3 所示。

图 9-2-3　运行结果（3）

⌛ **第 7 步：** 单击“登录”按钮，回到登录页面，用刚才注册的用户名进行登录测试。输入用户名和密码，运行结果如图 9-2-4 所示。

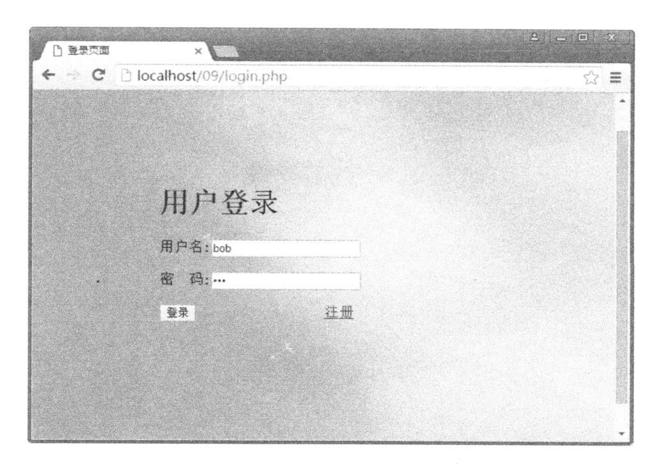

图 9-2-4　运行结果（4）

⌛ **第 8 步：** 单击“登录”按钮，运行结果如图 9-2-5 所示。

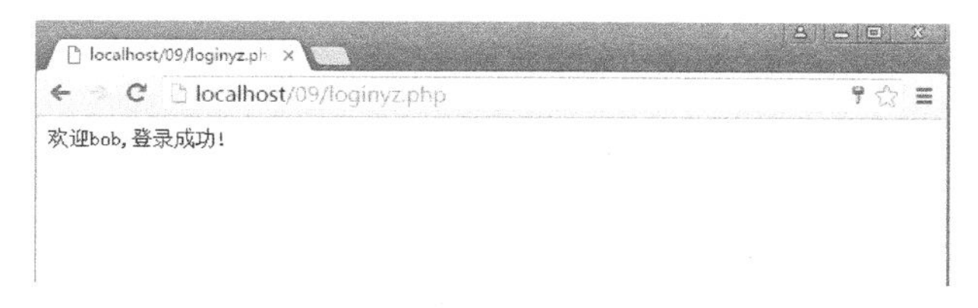

图 9-2-5　运行结果（5）

思考与实训

1．简述使用 PHP 语言操作 MySQL 数据库的基本步骤。

2．mysqli_fetch_array()函数和 mysqli_fetch_row()函数之间存在哪些区别？

3．使用 PHP 语言编写一个注册页面，要求表单包含“班级”“学号”“密码”“邮箱”四个字段和一个“立即注册”按钮，单击“立即注册”按钮，跳转到注册成功页面，显示“注册成功！”。

项目 10

课程管理系统

本项目包含：

任务 1　数据表设计

任务 2　查看课程列表

任务 3　删除课程

任务 4　添加课程记录

任务 5　修改课程信息

任务 1

数据表设计

任务分析

首先，创建 kcgl 数据库作为课程管理数据库，然后，在该数据库中创建 tb_course 数据表用于存储课程信息。

知识准备

tb_course 数据表的结构如表 10-1-1 所示。

表 10-1-1　tb_course 数据表的结构

字段名称	数据类型	字段意义	备注
cid	INT(11)	课程编号	主键
cname	VARCHAR(50)	课程名称	非空
type	VARCHAR(2)	课程类型	非空
credit	INT(11)	学分	非空
grade	VARCHAR(10)	适用年级	非空

任务实施

第 1 步： 打开 Navicat，右击左侧的“test”文件夹选项，在弹出的菜单中选择“新建数据库”选项，如图 10-1-1 所示。

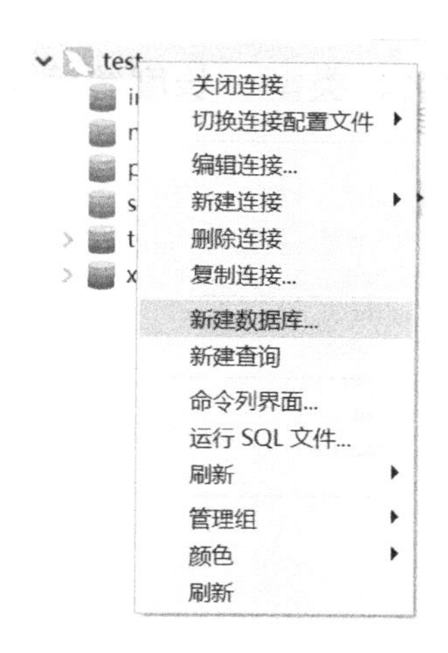

图 10-1-1 “新建数据库”选项

⌛ **第 2 步：** 输入数据库名，并设置字符集和排序规则。输入数据库信息，如图 10-1-2 所示。

新建数据库

常规 SQL 预览

数据库名: kcgl

字符集: utf8

排序规则: utf8_general_ci

确定 取消

图 10-1-2 输入数据库信息

⌛ **第 3 步：** 单击“确定”按钮，双击“kcgl”文件夹选项，右击“表”选项，在弹出的快捷菜单中选择“新建表”选项，如图 10-1-3 所示。

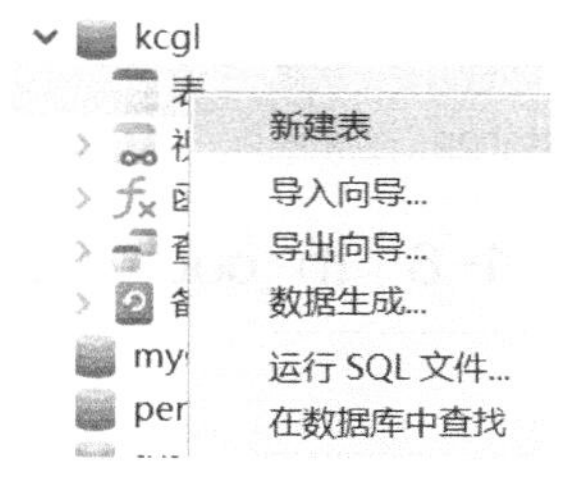

图 10-1-3 “新建表”选项

第 4 步： 输入字段的名、类型、长度等信息，将 cid 设置为主键，并自动递增，如图 10-1-4 所示。

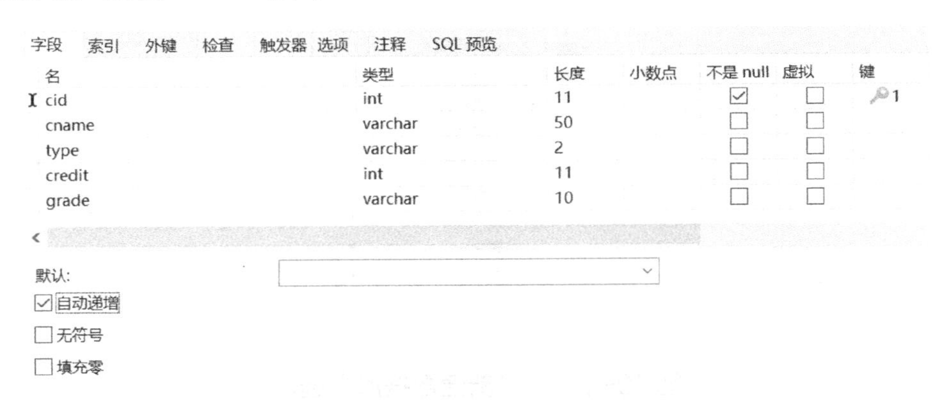

图 10-1-4 输入表的结构信息

第 5 步： 按【Ctrl+S】组合键保存，在弹出的“另存为”对话框中输入表名，如图 10-1-5 所示。至此，数据表创建完成。

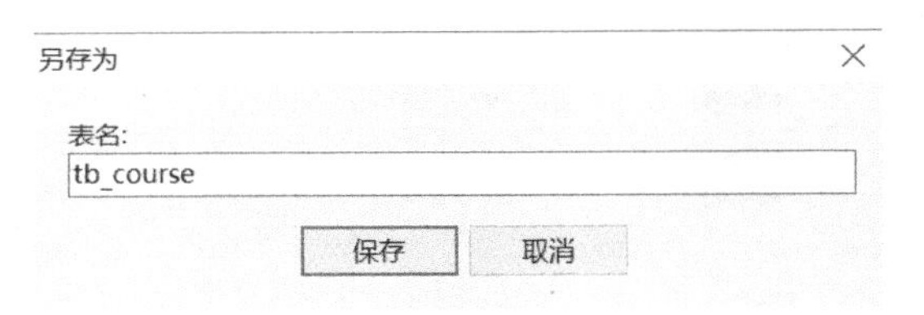

图 10-1-5 输入表名

第 6 步： 在左侧的连接树中可以看到新创建的 tb_course 数据表，双击打开 tb_course 数据表，自行添加若干记录，如图 10-1-6 所示。

cid	cname	type	credit	grade
1	计算机基础	必修	4	高一
2	Java程序设计	选修	2	高二
3	网络设备	必修	3	高三
4	数据库技术	必修	3	高三
5	多媒体技术	必修	4	高一
6	动态网页设计	选修	2	高二
7	Photoshop	必修	4	高一

图 10-1-6 tb_course 数据表

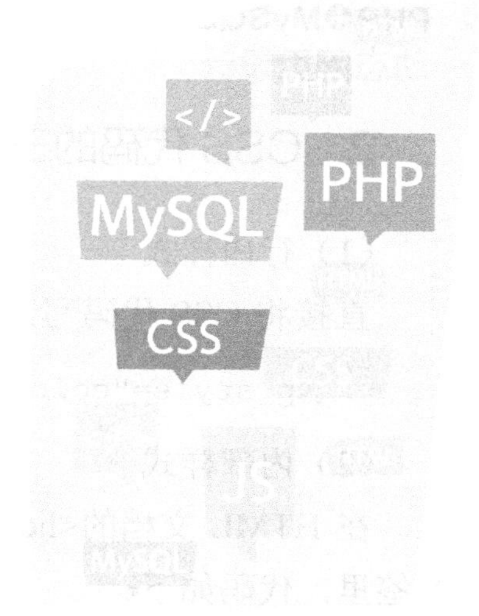

任务 2

查看课程列表

任务分析

本任务使用 SELECT 语句在页面中显示所有的课程信息，并且每条记录都对应“修改”“删除”按钮。这些按钮使用 input 标签实现，将 type 属性设置为 button 类型，单击按钮时使用 onclick 函数进行响应，并通过 window.location 对象的 href 属性进行页面的重定向，即单击“修改”或“删除”按钮，将会跳转到对应课程的修改或删除页面。

知识准备

1. require 语句和 include 语句

PHP 语言常用 require 语句或 include 语句来引入或包含外部文件，二者在使用上是相似的，只是处理错误的方法不同，require 语句在出错时产生 E_COMPILE_ERROR 级别的错误，终止脚本运行；而 include 语句只产生警告（E_WARNING），脚本会继续运行，语法格式如下。

```
require '文件名';      或者     require('文件名');
include '文件名';      或者     include('文件名');
```

2. CSS代码的三种引入方式

（1）行内样式

直接将CSS代码写入HTML标签，引入style属性，代码如下。

```
<p style="color:white;" >
```

（2）内部样式

在HTML文档的<head>标签中使用<style>标签，将CSS代码写在sytle标签里，代码如下。

```
<head>
<style type="text/css">
    p{
        color:white;
    }
</style>
</head>
```

（3）外部样式

将CSS代码写在扩展名为.css的文件中，通过在<head>标签中使用的<link>标签引入CSS，代码如下。

```
    <link href="../css/style.css" rel="stylesheet"
type="text/css"/>
```

任务实施

第1步：编写数据库连接文件conn.php。在后续的任务中，大部分页面都需要操作数据库，为了避免代码重复，可以将用于数据库连接的代码单独写成连接文件，在需要用到的页面中使用require函数将其引入，代码如下。

```
<?php
        $conn=mysqli_connect('localhost','root', '12345678');
        if(!$conn){
            die("数据库连接失败！".mysqli_error());
        }
```

```
        $db=mysqli_select_db($conn,'kcgl');
        if(!$db){
            die("数据库不可用！".mysqli_error());
        }
?>
```

第2步：新建 course_list.php 页面，此页面用于显示所有课程的信息，使用 require 函数引入 conn.php 文件，代码如下。

```
<?php require('conn.php'); ?>
```

第3步：在页面中引入 CSS 代码，代码如下。

```
<link href="style.css" rel="stylesheet" type="text/css"/>
```

第4步：创建表格，使用 for 循环将数据库中的课程记录逐条取出，注意 HTML 代码和 PHP 代码的嵌套使用，course_list.php 页面的代码如下。

```
<?php require('conn.php'); ?>
<!DOCTYPE html PUBLIC "-//W3C//DTD XHTML 1.0 Transitional
//EN" "http://www.w3.org/TR/xhtml1/DTD/ xhtml1-transitional.dtd">
<html xmlns="http://www.w3.org/1999/xhtml">
<head>
<meta http-equiv="Content-Type" content="text/html; charset=
utf-8" />
<title>课程列表</title>
<link href="style.css" rel="stylesheet" type= "text/css"/>
</head>

<body>
    <table width="100%" cellspacing="0" cellpadding="0">
        <tr class="tti">
            <td colspan="6">课程列表</td>
        </tr>
        <tr class="tth">
            <td>课程编号</td>
            <td width="30%">课程名称</td>
            <td>课程类型</td>
```

```
            <td>学分</td>
            <td>适用年级</td>
            <td width="18%">操作</td>
        </tr>
      <?php
          $sql="SELECT *FROM tb_course";
          $res=mysqli_query($conn,$sql);
          $total_num=mysqli_num_rows($res);
          if($total_num>0){
              for($i=0;$i<$total_num;$i++){
                  $row=mysqli_fetch_array($res);
        ?>
                  <tr>
                      <td><?php echo $row[0];?></td>
                      <td><?php echo $row[1];?></td>
                      <td><?php echo $row[2];?></td>
                      <td><?php echo $row[3];?></td>
                      <td><?php echo $row[4];?></td>
                      <td><input type="button" value="修改"
onclick="window.location. href='course_update. php?id=<?php echo
$row[0];?>'"/>
                      <input type="button" value="删除"
onclick="window.location. href='course_delete.php?id= <?php echo
$row[0];?>'"/></td>
                  </tr>

        <?php
                }

            }
        ?>
    </table>

  </body>
  </html>
```

⌛ **第 5 步：** 编写 style.css 文件，用来控制表格的样式，代码如下。

```
@charset "utf-8";
/* CSS Document */
table{border-collapse:collapse;}
table, th, td{
    border: 1px solid #CCC;
    padding:10px;
}
tr{height:30px;}
.tti{
    font-weight:bold;
    font-size:20px;
    height:50px;
    background-color:#4682B4;
    color:white;
}
.tth td{font-weight:bold;}
```

⌛ **第 6 步：** 运行 course_list.php 页面，运行结果如图 10-2-1 所示。

课程列表					
课程编号	**课程名称**	**课程类型**	**学分**	**适用年级**	**操作**
1	计算机基础	必修	4	高一	修改 删除
2	Java程序设计	选修	2	高二	修改 删除
3	网络设备	必修	3	高三	修改 删除
4	数据库技术	必修	3	高三	修改 删除
5	多媒体技术	必修	4	高一	修改 删除
6	动态网页设计	选修	2	高二	修改 删除
7	Photoshop	必修	4	高一	修改 删除

图 10-2-1　运行结果

任务 3

删除课程

任务分析

在 course_list.php 页面，将课程编号通过 GET 方法进行传参，在 course_delete.php 页面中获取 id 值，将对应课程编号的课程记录删除，通过对话框提示删除成功或失败。无论删除成功还是失败，最终都会跳转到 course_list.php 页面。

知识准备

完成该任务所需知识在之前的项目中已经进行了讲解。

任务实施

第 1 步： 新建 course_delete.php 页面，引入数据库连接文件，接着获取传入的 id 参数值，使用 DELETE 语句将对应课程编号的课程记录删除，并使用 alert 语句弹出删除成功或失败的信息，代码如下。

```
<?php
    require('conn.php');
    $id=$_GET['id'];
    $sql="DELETE FROM tb_course WHERE cid=$id";
    if(mysqli_query($conn,$sql)){
```

```
            echo "<script>alert('删除成功! ');
            window.location.href='course_list.php'; </script>";
            exit;
        }else{
            echo "<script>alert('删除失败! ');
            window.location.href='course_list.php'; </script>";
            exit;
        }
        mysqli_close($conn);
    ?>
```

⏳ **第 2 步：** 运行 course_list.php 页面，这里将课程编号为 6 的课程记录删除，单击第 6 行的“删除”按钮，运行结果如图 10-3-1 所示，弹出对话框提示“删除成功!”，在浏览器地址栏中可以看到传递的 id 参数值 6。

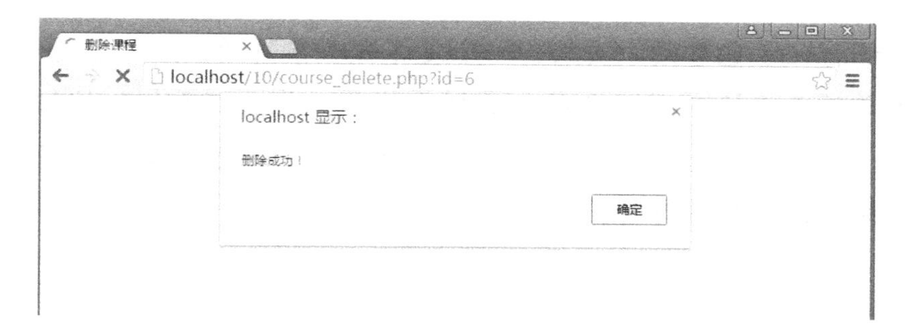

图 10-3-1 运行结果（1）

⏳ **第 3 步：** 单击“确定”按钮，将会返回到课程列表页面，运行结果如图 10-3-2 所示，课程编号为 6 的课程记录已被删除。

课程列表

课程编号	课程名称	课程类型	学分	适用年级	操作
1	计算机基础	必修	4	高一	修改 删除
2	Java程序设计	选修	2	高二	修改 删除
3	网络设备	必修	3	高三	修改 删除
4	数据库技术	必修	3	高三	修改 删除
5	多媒体技术	必修	4	高一	修改 删除
7	Photoshop	必修	4	高一	修改 删除

图 10-3-2 运行结果（2）

任务 4

添加课程记录

任务分析

添加课程记录包含两个页面，一个是课程表单页面，另一个是处理页面，在课程表单页面中输入课程名称、类型等信息，单击“添加”按钮后提交到处理页面，获取传递过来的数据并保存到数据库中，添加课程成功或失败后将自动跳转到课程列表页面。

知识准备

完成该任务所需知识在之前的项目中已经进行了讲解。

任务实施

第 1 步： 新建 course_add.php 页面，此页面是课程表单页面，包含两个 input 标签和两个 select 标签，两个 input 标签用于输入课程名称和学分，两个 select 标签用于选择课程类型和适用年级。页面使用表格进行布局，同样使用 style.css 文件中编写的样式，因此，在页面中需要引入 style.css 文件，代码如下。

```
<!DOCTYPE html PUBLIC "-//W3C//DTD XHTML 1.0 Transitional//
```

```
EN" "http://www.w3.org/TR/xhtml1/DTD/ xhtml1-transitional.dtd">
        <html xmlns="http://www.w3.org/1999/xhtml">
        <head>
        <meta http-equiv="Content-Type" content="text/html;
charset=utf-8" />
        <title>添加课程</title>
        <link href="style.css" rel="stylesheet" type= "text/css"/>
        </head>

        <body>
        <form action="course_add_handle.php" method="post">
            <table width="100%" cellspacing="0" cellpadding="0">
                <tr class="tti">
                    <td colspan="2">添加课程</td>
                </tr>
                <tr>
                    <td width="25%">课程名称</td>
                    <td width="75%"><input type="text" name="name"/>
</td>
                </tr>
                <tr>
                    <td>课程类型</td>
                    <td><select name="type">
                        <option value="必修">必修</option>
                        <option value="选修">选修</option>
                    </select></td>
                </tr>
                <tr>
                    <td>学分</td>
                    <td><input type="text" name="credit"/> </td>
                </tr>
                <tr>
                    <td>适用年级</td>
                    <td><select name="grade">
                        <option value="高一">高一</option>
```

```
                <option value="高二">高二</option>
                <option value="高三">高三</option>
            </select></td>
        </tr>
        <tr>
            <td colspan="2"><input type="submit" value="添加
"/></td>
        </tr>
    </table>
</form>
</body>
</html>
```

⌛ **第 2 步：** 新建 course_add_handle.php 页面，此页面是添加课程的处理页面，接受表单页传递的课程信息。首先，应判断需要输入的字段是否为空，若为空，则弹出输入提示，否则，将课程信息使用 INSERT 语句存入数据库中。若保存成功则提示“添加成功!”，否则提示“添加失败!”。然后，重定向到课程列表页面，代码如下。

```
<body>
    <?php
        require('conn.php');
        $name=$_POST['name'];
        $type=$_POST['type'];
        $credit=$_POST['credit'];
        $grade=$_POST['grade'];
        if($name==""){
            echo "<script>alert('请输入课程名称');history.go(-1);
</script>";
            exit;
        }
        if($credit==""){
            echo "<script>alert('请输入学分');history.go(-1);
</script>";
            exit;
        }
```

```
            $sql="INSERT INTO tb_course(cname,type,credit,grade)
VALUES('$name','$type',$credit,'$grade')";
            if(mysqli_query($conn,$sql)){
            echo "<script>alert('添加成功!');window.location.href=
'course_list.php';</script>";
            }else{
            echo "<script>alert('添加失败!');window.location.href=
'course_add.php';</script>";
            }
            mysqli_close($conn);
        ?>
    </body>
```

⌛ **第3步：** 运行 course_add.php 页面，并在页面中填写课程信息，运行结果如图 10-4-1 所示。

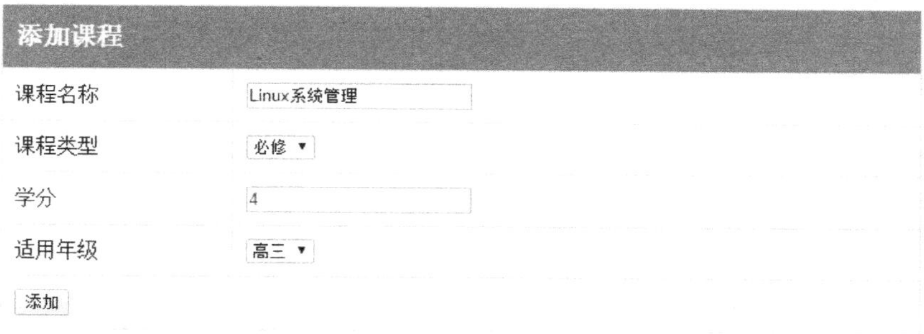

添加课程	
课程名称	Linux系统管理
课程类型	必修 ▼
学分	4
适用年级	高三 ▼
添加	

图 10-4-1　运行结果（1）

⌛ **第4步：** 单击“添加”按钮，跳转到 course_add_handle.php 页面进行处理，弹出提示框提示“添加成功！”，运行结果如图 10-4-2 所示。

添加课程

localhost/10/course_add_handle.php

localhost 显示：

添加成功!

确定

图 10-4-2　运行结果（2）

第5步：单击“确定”按钮，跳转到课程列表页面，在课程列表中可以看到刚才添加的课程记录，运行结果如图10-4-3所示。

课程列表

课程编号	课程名称	课程类型	学分	适用年级	操作
1	计算机基础	必修	4	高一	修改 删除
2	Java程序设计	选修	2	高二	修改 删除
3	网络设备	必修	3	高三	修改 删除
4	数据库技术	必修	3	高三	修改 删除
5	多媒体技术	必修	4	高一	修改 删除
7	Photoshop	必修	4	高一	修改 删除
8	Linux系统管理	必修	4	高三	修改 删除

图10-4-3 运行结果（3）

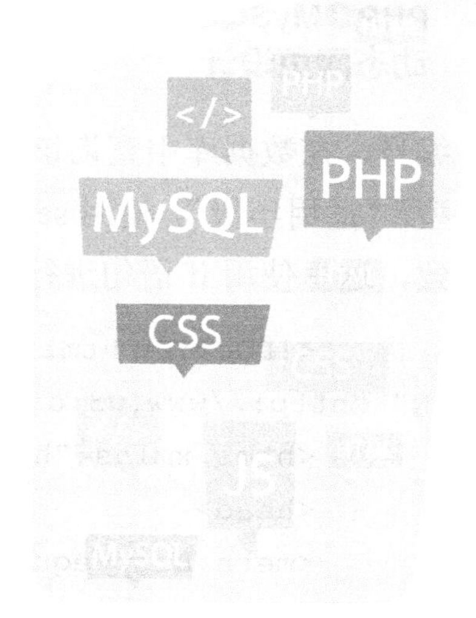

任务5

修改课程信息

任务分析

修改课程信息包含两个页面，一个是修改课程的表单页面，另一个是修改课程的处理页面。在表单页面中，根据 course_list.php 页面传递的课程 id 值，显示对应课程的原有信息，用户在原有信息的基础上进行修改。单击“修改”按钮后将数据提交到处理页面，该页面获取修改后的数据并保存到数据库中，修改成功或失败将弹出对应的提示信息，并跳转到课程列表页面。

知识准备

完成该任务所需知识在之前的项目中已经进行了讲解。

任务实施

第 1 步: 新建 course_update.php 页面，此页面是修改课程的表单页面。包含两个 input 标签和两个 select 标签，两个 input 标签分别用于显示课程名称和学分，两个 select 标签分别用于显示课程类型和适用年级。本页面使用表格进行布局，注意要引入 style.css 文件控制表格样式。

第 2 步: 在页面中定义变量$id 用于接收 course_list.php 页面传递的课程

编号，在数据库中查询该 id 对应的课程记录，显示在表单中。对于“课程类型”“适用年级”，使用 select 标签，其默认选中的内容应与数据库中的记录一致，这里使用 if 语句进行判断。course_update.php 页面的完整代码如下。

```
<!DOCTYPE html PUBLIC "-//W3C//DTD XHTML 1.0 Transitional//
EN" "http://www.w3.org/TR/xhtml1/DTD/ xhtml1-transitional.dtd">
<html xmlns="http://www.w3.org/1999/xhtml">
<head>
<meta http-equiv="Content-Type" content="text/html;
charset=utf-8" />
<title>修改课程</title>
<link href="style.css" rel="stylesheet" type="text/css"/>
</head>

<body>
<?php
    require('conn.php');
    $id=$_GET['id'];
    $sql="SELECT *FROM tb_course WHERE cid=$id";
    $res=mysqli_query($conn,$sql);
    $row=mysqli_fetch_assoc($res);
?>
<form action="course_update_handle.php?id=<?php echo
$row['cid'];?>" method="post">
    <table width="100%" cellspacing="0" cellpadding="0">
        <tr class="tti">
            <td colspan="2">修改课程</td>
        </tr>
        <tr>
            <td width="25%">课程名称</td>
            <td width="75%"><input type="text" name="name"
value="<?php echo $row['cname'];?>"/></td>
        </tr>
        <tr>
            <td>课程类型</td>
```

```
                <td><select name="type">
                    <?php if($row['type']=="必修"){
                        echo "<option value='必修' selected=
'selected'>必修</option>";
                        echo "<option value='选修'>选修</option>";
                    }else{
                        echo "<option value='必修'>必修</option>";
                        echo "<option value='选修' selected=
'selected'>选修</option>";
                    }
                    ?>

                </select></td>
            </tr>
            <tr>
                <td>学分</td>
                <td><input type="text" name="credit" value=
"<?php echo $row['credit'];?>"/></td>
            </tr>
            <tr>
                <td>适用年级</td>
                <td><select name="grade">
                    <?php if($row['grade']=="高一"){
                        echo "<option value='高一' selected=
'selected'>高一</option>";
                        echo "<option value='高二'>高二</option>";
                        echo "<option value='高三'>高三</option>";
                    }else if($row['grade']=="高二"){
                        echo "<option value='高一'>高一</option>";
                        echo "<option value='高二' selected=
'selected'>高二</option>";
                        echo "<option value='高三'>高三</option>";
                    }else{
                        echo "<option value='高一'>高一</option>";
                        echo "<option value='高二'>高二</option>";
```

```
                    echo "<option value='高三' selected=
'selected'>高三</option>";
                }
                ?>
            </select></td>
        </tr>
        <tr>
            <td colspan="2"><input type="submit" value="修改
"/></td>
        </tr>
    </table>
</form>
</body>
</html>
```

第 3 步： 新建 course_update_handle.php 页面，此页面是修改课程的处理页面，用户在表单页面中的修改信息将传递到此页面中。使用 UPDATE 语句修改数据库中对应的课程记录，若修改成功则提示“修改成功!”，否则提示“修改失败!”，最后重定向到课程列表页面，代码如下。

```
<body>
    <?php
        require("conn.php");
        $id=$_GET['id'];
        $name=$_POST['name'];
        $type=$_POST['type'];
        $credit=$_POST['credit'];
        $grade=$_POST['grade'];
        $sql="UPDATE tb_course SET cname='$name',type=
'$type',
        credit=$credit,grade='$grade' WHERE cid=$id";
        if(mysqli_query($conn,$sql)){
            echo "<script>alert('修改成功! ');
            window.location.href='course_list.php';</script>";
            exit;
        }else{
```

```
            echo "<script>alert('修改失败！');
            window.location.href='course_list.php';</script>";
            exit;
        }
        mysqli_close($conn);
    ?>
</body>
```

⏳ **第4步：** 运行 course_list.php 页面，这里为了将课程编号为 3 的课程的适用年级修改为高二，学分修改为 4 分，因此单击第 3 行的“修改”按钮（见图 10-4-3），跳转到 course_update.php 页面，此时在页面中显示了课程编号为 3 的课程的原有信息，运行结果如图 10-5-1 所示。

修改课程	
课程名称	网络设备
课程类型	必修 ▼
学分	3
适用年级	高三 ▼
修改	

图 10-5-1　运行结果（1）

⏳ **第5步：** 在“适用年级”下拉列表中选择“高二”选项，在“学分”文本框中输入“4”，将学分修改为 4 分，运行结果如图 10-5-2 所示。

修改课程

localhost/10/course_update.php?id=3

修改课程	
课程名称	网络设备
课程类型	必修 ▼
学分	4
适用年级	高二 ▼
修改	

图 10-5-2　运行结果（2）

⌛ **第 6 步：**单击“修改”按钮，跳转到 course_update_handle.php 页面进行处理，弹出对话框提示“修改成功！”，运行结果如图 10-5-3 所示。

图 10-5-3　运行结果（3）

⌛ **第 7 步：**单击“确定”按钮，将跳转到课程列表页面，在课程列表中的第 3 行可以看到，课程记录已被修改，运行结果如图 10-5-4 所示。

课程列表
localhost/10/course_list.php

课程列表

课程编号	课程名称	课程类型	学分	适用年级	操作
1	计算机基础	必修	4	高一	修改 删除
2	Java程序设计	选修	2	高二	修改 删除
3	网络设备	必修	4	高二	修改 删除
4	数据库技术	必修	3	高三	修改 删除
5	多媒体技术	必修	4	高一	修改 删除
7	Photoshop	必修	4	高一	修改 删除
8	Linux系统管理	必修	4	高三	修改 删除

图 10-5-4　运行结果（4）

思考与实训

1．使用 require 函数将 connect.php 文件引入的代码为__________。

2．引入 CSS 代码的 3 种方式为________、________、________。

3．新建 warehouse_management 数据库，并在该数据库中设计 w_commodity 数据表，如表 10-1-1 所示。

表 10-1-1　w_commodity 数据表

字段名称	数据类型	字段意义	备注
id	int(10)	货物 id	主键，自增
name	varchar(50)	货物名称	非空
categories	varchar(100)	货物分类	非空
entry_time	date	入库时间	非空
price	float(8, 2)	价格	非空

在表 10-1-1 中添加若干记录，编写一个 PHP 页面，能够在页面中显示所有货物的信息。

反侵权盗版声明

举报电话：（010）88254396；（010）88258888

传　　真：（010）88254397

E-mail：　dbqq@phei.com.cn

通信地址：北京市海淀区万寿路 173 信箱

电子工业出版社总编办公室

邮　　编：100036